策略目標的選擇

品牌創建與維繫

關係建立與串聯

業務型態與分工

設計的創新研發

設計師到CEO
經營必修8堂課

設計提案致勝是本事，
公司開大開小是選擇，
營運獲利才是硬道理！

留才與組織擴編

採發與專案管理

財務與利潤稽核

康敏平　張麗寶　著

給室內設計業一本金針

城邦媒體集團 首席執行長 何飛鵬

二十多年前,我們創辦了《漂亮家居》雜誌,當時的想法是提升台灣室內設計的水準,也提高台灣人的美學素養。而這本雜誌創辦之後,我們就與台灣室內設計業者結下了不解之緣,我們成為台灣消費者與室內設計業者溝通交流的平台。

這廿年來,我們看到了室內設計業者設計水準的進步,也大幅提升了美學素養。我們也看到了室內設計業者的規模逐漸擴大,從十人以下的夫妻公司,到一、二十人的小公司,到三、五十人的大公司,甚至也有更大的公司,業者的問題從接案、到設計,逐漸面對公司經營管理的問題。

《漂亮家居》雜誌關注的焦點,也從設計創意的交流,接案生意的交流,延伸到設計公司的經營管理的探討,我們透過出版、雜誌、開課、訓練,提升業界的經營管理知識,以協助業者走上正常經營管道。

我們的總編輯張麗寶就是其中的關鍵人物,她透過營運良好的設計公司的採訪、對談,成功的整理好設計業的經營Know-how,以作為同業的學習典範,並透過開課,延聘了在大學任教的名師,開辦了室內設計業者「設計經營必修的八堂課」,也受到業界的歡迎。

鑑於實體課程,受限於時空環境,只能有少數人能參與,再加上我們一直有「要把金針度與人」的想法,我們決定把實體課程的內容,轉成書籍,以廣為流傳。

這本書由張麗寶及康敏平教授共同執筆,既有實務,也兼具理論,再加上《漂亮家居》的活動範圍遍及兩岸及東南亞,所以內容也不乏國際眼光,這應是室內設計業者非常良好的案頭參考書,期待對台灣室內設計業的經營管理提升,產生具體的幫助。

設計價值的關鍵報告

陽明交通大學建築研究所 龔書章

在Covid-19疫情後的時代，我們正面對瞬息萬變的世界重大挑戰—包括產業與資通訊科技的變革、國際各城市之間地緣的合作連結與遠距交流、品牌和設計之間的快速迭代與流變、或是AI智能對設計人力的挑戰等，都讓我們不得不以更具創新性的設計視角和經營方法，來面對並解決這些關鍵問題。

面對台灣現今的空間設計產業，尤其是對於一個常以「人治」為主的空間設計公司來說，如何導入「管理方法學」來重新建立一個創新的團隊力，讓設計向度的研發、行銷策略的布局、品牌創新的建構、以及設計人才賦能等重要課題，能導向完成一個設計生態系統—融合當代文化內容、科技和經濟發展，創建一個更具跨專業、綜合性的創新設計產業，實在是最重要的關鍵！

持續不斷地轉身面向時代的挑戰，從轉換自己的視野和思考開始，進而改變自己也分享給她的所有朋友，就是我所認識的麗寶。二十多年來，我總是跟著她一起合作，看她從一位設計專業編輯開始、到成立《漂亮家居》和《設計家》的設計網絡、進而努力地為台灣和大陸的年輕室內設計師建構一個「金邸獎TINTA」交流平台、而在疫情時期又以帶狀一系列的「Podcast」為設計專業社群之間帶來溫暖的分享等，麗寶所做的事都是引領台灣設計界的重要典範。

現在麗寶又挑戰自己勤於筆耕地出版了《設計師到CEO經營必修8堂課》，為室內設計眾多感性且充滿想像的設計師們構建出一個專屬設計產業經營者的全面「關鍵報告」，讓室內設計專業可以串聯起整個時代的價值鏈，作為面對近未來挑戰的企業策略、品牌行銷和創新思考來因應快速變化的設計產業，對我個人和我們設計產業而言，實在是一個難得的倡議和啟發！

衷心祝福麗寶，繼續向前行！

一本與眾不同的設計商業經營的好書

臺灣師範大學管理學院 教授兼院長

這本書是著名的《漂亮家居》雜誌總編輯張麗寶小姐匯集多年實務經驗，與臺師大管理學院全球經營與策略研究所康敏平教授共同撰寫的大作。市面上有許多室內設計的書籍，但是多數這一類的書籍偏向於技術性操作的內容與細節的介紹，很少有像張女士與康教授的《設計師到CEO經營必修8堂課》一書能夠涵蓋如此廣闊的層面。從商業模式與策略，品牌的建立，到實務經營上的組織與財務管理，一直到人才的培養，以及創意的發展，都提供了深入淺出的介紹與詳細的說明。綜言之，這是一本兼具廣度與深度的書籍，也是值得從事室內設計或是對室內設計有興趣的讀者細讀的大作。

本書是以商業經營的觀點出發，討論室內設計的經營。大致上可以分為策略、行銷、組織、財務、創新，以及顧客關係管理這幾個層面。第一個層面是室內設計的商業經營策略層面。先從商業策略的角度切入，討論室內設計的商業競爭優勢，產業價值鏈，以及產品特色與目標市場。接著從行銷的角度切入，討論室內設計品牌的價值，與目標客層的選擇，以及室內設計的行銷組合（即行銷4P）。接下來的章節，討論室內設計公司的組織經營與角色分工，以及專案管理的制度以及財務的管理。接續商業經營的實務討論後，本書花了相當篇幅討論對於室內設計極為重要的創新設計。創新是企業競爭力最重要的來源，在現代競爭激烈的商業環境中，唯有不斷的創新才能保持領先的優勢。最後，本書針對顧客關係管理提出專章的討論，以及媒體關係的經營。

本書除了兼具深度與廣度外，每一章節結尾都是以康敏平教授的文章總結，闡述該章的主要精神。另每章開始都使用一個實例的描述，導入深度的後續討論，讓讀者更容易能夠進入情境。此外，本書使用許多圖表來輔助文字的說明，讓概念的表達更清晰，都是本書重要的特色。期待本書的出版，能夠對於有志從事室內設計的讀者帶來助益。

CSID 室內設計協會 理事長

設計師多有一個偏向感性面與創造面的右腦，對於美的圖像與感官直覺有著特別豐富的功能，但是在理性面與管理主掌的左腦常常會緩存或忽略，設計師們不要告訴我，你們不會因為一個「求好心切」就忽略原本希望控管的預算？這好像是一個好的創作者無法跳脫的障礙……。

認識寶姐超過20年（這裡可以說嗎？）在設計界稱寶姐為觀察家絕對符實，《漂亮家居》創刊時有幸受邀專訪，當時就感受寶姐對於設計產業遠觀且剖析深入。多年來不乏許多優秀的設計師或團隊，在經營自己的設計事業均有顯著及優越的成就，但也在過程中常常提及某公司或某設計師面臨財務或人資控管的問題，分析時就會發現：並非設計師本身的設計或溝通能力不足，卻往往在經營這端遭受滑鐵盧，以致再好的作品也拼不過一次錯誤的管理。

寶姐在一路陪伴室內設計產業成長中所搜集與彙整出《設計師到CEO經營必修8堂課》的重要法則，面對感性的設計同業，如何在自己不專長的理性中找到適合自己永續經營的8堂課，從策略到品牌、從業務到專案，分析財務管理與人才培訓，進而讓自己的設計創新能夠建立在客戶的信任與關係中，這是一本執業設計師值得收藏的重要參考書，也希望藉由寶姐對室內設計的熱誠，給予更多優秀的你們發揮更大的智慧與價值。

CAID 室內裝修專業技術人員學會 理事長
逢甲大學建築專業學院 助理教授

能做好作品的設計師可能不少，但能將設計公司經營打點好的管理人才卻尋之不易。三不五時玩出精彩設計作品的公司可能經營得有些吃力，那就不得不佩服那些經營有術名利雙收的設計公司。設計系組可以教我們如何做設計且做出好作品，商管系組也可以教我們經營管理好公司，但懂設計又懂經營管理才是現今最需要的跨領域人才。《設計師到CEO經營必修8堂課》極力推薦給大家，此書是打通設計經營任督二脈的葵花寶典。

TnAID 室內設計專技協會 理事長

室內設計產業是一個既浪漫又實際的工作，也許很多人嚮往，但卻不清楚設計工作背後其實真的不是只有設計而已。如果我們將設計的工作拆解成不同的步驟時會發現設計的工作具有很多面向，然而這些面向的工作能力是學校無法提供的，必須透過工作的時間去累積。當積聚相當能量後也許就會創業，成為設計公司的經營者。但經營者的思維模式絕對跟設計師不同，如何成為一個好的設計經營者，也是設計產業中很重要的一環。

《漂亮家居》張麗寶總編輯長期以一個媒體平台的角色，去關注室內設計產業的發展，以及其敏銳的觀察力洞悉產業中所缺乏的能力，進而將設計產業解構分析，同時邀請康敏平教授將設計產業經營者應該具備的能力整合成8堂課並出版《設計師到CEO經營必修8堂課》，讓設計師或設計產業經營者在面對專業能力的提升及市場的轉變時能有更好的應變能力，身為設計師或設計經營者的我們都應該認真修這8堂課。

臺灣師範大學管理研究所
副教授兼 EMBA 執行長

很榮幸被邀請作為室內設計8講的講師之一，得以和眾多室內設計業者討論經營管理問題，從中得到寶貴的啟發。而今，這8講的精華得以出版，相信能引發更多回應與討論，裨益於我國室內設計業經營管理的提昇。

臺灣師範大學全球經營與策略研究所 教授

設計公司一開張就要面對一連串經營上的考驗，舉凡開發案源、精算成本、設計組織、優化流程、留住人才……。麗寶總編輯和康敏平教授聯手寫成的這本書就是要為室內設計經營者補上這一門管理課。麗寶總編輯在室內設計媒體耕耘多年，一身對行業的熱情，從材料、設計、工程的相關業者無不通曉，信手拈來就是業界的案例。康敏平老師以扎實的策略管理學術訓練加上多年來與經理人的實務對話，擅長綜觀全局掌握關鍵問題。《設計師到CEO經營必修8堂課》一書不但能幫助讀者掌握經營實務，也能啟發策略思維，進而在面對經營難題時能動靜有據。

政治大學企業管理學系 副教授

室內設計公司的使命可說是「安家立業」──設計師透過為業主「安家」而讓自己「立業」。然而僅有為人安家的設計本業，沒有自己立業所需的經營本事，是會讓室內設計公司自身招來家宅不寧的風暴。

《設計師到CEO經營必修8堂課》針對室內設計公司的業態，提供了適合的經營入門，猶如一本設計師經營管理的安宅指南。也讓我們重新思考，這行業的「安家立業」其實是奠基於設計公司的「安業」，才能讓業主們「立家」。

臺北基礎設計中心 創辦人

創意類型以及與設計相關的工作，長久以來一直僅被認為與靈感創作、審美文化等的思考環環相扣，時下更有愈來愈多的文青後浪，在僅談創意的情況下進入這類型的產業。而在此番雨後春筍蓬勃發展之際，涉及思潮型構相關的討論所在多有；然而，卻鮮少有人談及這領域的營運與管理，甚或是品牌定位與商業模式的探討。近年來欣見阿寶全身心的投入這個領域的討論，除了不斷研發課程嘉惠從業人員之外，如今更將課程的精華梳理付梓《設計師到CEO經營必修8堂課》，令人興奮也欽佩，更期望城邦集團與阿寶能為產業繼續深耕，讓一向不諳運營的文創與設計工作者，在此方面能有專業論述可以依循並精進。

大雄設計 Snuper Design
設計總監 林政緯 **財務總監** 林昱丰 **事業開發** 邱薇庭

設計公司常常在定位、品牌、品質與市場的接受度中左右為難，我們常常面對不完整的市場認定，客戶也不太清楚自己想要的設計的價值為何。

這是一個複雜的產業，需要很多人力層層控管，但因為價值不清楚，所以有想法的設計師往往很難維持初衷，做最好的事。我們和寶姐一直很希望可以建立品牌，建立產業轉型的價值，持續營運有制度、有規模的設計公司，保持創新、保有初衷。

品牌建立和管理非常不容易，如何對話、傳達理念也絕非易事，希望透過我們的經驗及此書《設計師到CEO經營必修8堂課》，可以讓所有的設計師們創造設計價值，做有意義的事、維持初衷。

尚藝設計 創辦人

設計這條不歸路，是糖衣包裝的辛苦行業，20幾年前我懷抱著滿腔熱血，毅然決然投入這個表面光鮮亮麗，實則熬夜賣肝，俗稱的高級服務業。

認識《漂亮家居》寶姐已經20餘年，寶姐可說是看著尚藝長大，欣賞寶姐的直率性格，每每說中尚藝的經營痛點，我相信每間公司都有痛點，我形容的痛點應該是公司成長過程中容易被忽略，卻是影響經營成敗的關鍵點，不得不佩服寶姐的敏銳度與觀察力，傳說中的寶姐果然名不虛傳，也是尚藝設計的貴人。

有幸參與寶姐開辦的設計8講，心中也有埋怨寶姐為什麼不在20年前尚藝設計經營初期就開講，讓我們少走很多冤枉路，有幸的是年輕創業的朋友，可以透過此書《設計師到CEO經營必修8堂課》，在創業初期，了解設計這行業的經營理念，有健全的觀念與目標，了解本身的特質與強項，趨吉避凶，在業界走出屬於自己的一條路。

經營室內設計公司，設計做得出色只是基本條件，公司的管理才是核心，感謝《漂亮家居》與寶姐看到業界的不足與需求，讓台灣的室內設計走向更專業與健康的環境。

臺北基礎設計中心 總執行設計師

打破原來的格局，跳脫傳統的觀念，為使用者打造專屬空間，是設計師最為常見，也最為自豪的專業能力。面對空間，原來的格局肯定不適用，必須打破。

傳統的設計不足以彰顯存在，必須跳脫，站在制高點，宏觀大器。

那麼，面對自己呢?設計師為自己打破僵局與跳脫束縛的能力，在哪裡？就在《設計師到CEO經營必修8堂課》。

尚展設計 創辦人

《漂亮家居》總編輯張麗寶是我和吳啟民2004年合夥開室內設計所認識的第一位媒體人,她常與設計師們分享國內外設計的資訊,並與設計公司一對一的交流同時指導如何經營管理。爾後再到臺師大修EMBA將理論與實務結合,成功為設計師打造經營管理課程並出版《設計師到CEO經營必修8堂課》。每一堂都是在經營上須注意的理念及觀念,對忙於設計的設計師們無疑是一大補貼。總編輯及她的指導教授康敏平為台灣的室內設計經營理念給予最好的協助及成長,也期待本書能在設計師經營上有更好的良性循環創造雙贏。

竹工凡木設計研究室 創辦人

從業空間設計多年,從建築設計本業跨足到室內設計,如今更帶領竹工凡木團隊涉略了更多泛設計領域。總結這些年來的心得,其實設計本身並非難事,最難的是如何運營。我常說設計不是純藝術,更不是純工程,而是在「理性的基礎上作感性的渲染」,所謂的理性就包含了公司運營和團隊的領導統御,相信《設計師到CEO經營必修8堂課》定是設計師必讀的設計運營寶典。

演拓空間室內設計 主持設計師

設計師的我們總是擅長於使用感性的右腦設計與創作，但是每完成一件作品就需要理性的左腦來協助品牌經營管理！《設計師到CEO經營必修8堂課》是寶姐與康老師集結了室內設計8講課程精髓而成，啟動我們不擅長的左腦思維，讓設計經營者不是只有懂，而是能夠實際執行參與，透過這本設計經營的聖經，讓未能參與8堂課的設計師，也能透過這本書獲得寶貴的知識。

摩登雅舍室內設計 創辦人

這是一本空間設計經營者要讀的書，是一本夢想創業的空間設計人要讀的書，是一本對室內設計產業有興趣的在學同學要讀的書，更是寫給創業初期的設計工作者的書。如果正對前行的路，有著風格、特質與定位，甚或品牌走向有著迷惘，《設計師到CEO經營必修8堂課》會是良師益友。

萬騰會計師事務所 會計師

財務的世界，講究的是對資源應用的效率，本書的第五堂課，說明的是營運的世界裡面的一種偏差與平衡之道，諸如設計師（創業家）覺得衝營收是重要的，問題是衝利潤跟衝營收那一個比較重要呢？如果衝得是虧損，那營收衝得越多，就虧得越多，也就是必然貼越多錢，所以創業的能量需要謹慎使用，需要做對的事（Do the right thing），也需要將事做對（Do the thing right）。祝福有幸看到《設計師到CEO經營必修8堂課》的設計師（創業家），能體會一下這些經驗，讓這些事情才被考量，設計公司才有獲利的可能呀。

作者自序

用管理知識成就設計大業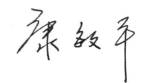

多年前指導臺師大EMBA在職生張麗寶總編輯的碩士論文,因此開始深入了解室內設計產業特性與公司發展策略。畢業後張總編輯經常分享她在業界看到的各種經營管理問題,以及她對這些現象的見解,很多個案對我而言都深具吸引力。於是我請她嘗試寫下短篇個案作為個案教學時討論的素材,當初只是為了要教導學員如何思考策略規劃,沒想到在個案教學與討論中,參與的設計師與經營者們不斷丟出各種不同面向的管理問題,又分享了自身的經驗與實際案例,讓一堂策略思考的課程之後,又發展出各種功能性管理議題,由學界與業界講師互相激盪出豐富的內容,不得不佩服張總編輯的遠見與毅力。

我在授課與撰寫策略思考的觀念架構,主要根據政治大學名譽講座教授司徒達賢(博士論文指導教授)的「策略形貌分析法」為基礎,利用六大策略構面延伸應用到室內設計產業。經過多年的課程教學以及後續在臺師大EMBA指導多位室內設計師撰寫產業相關論文,逐漸形成室內設計產業專屬的策略思考架構以及該行業在行銷、生產、財務、人力資源、組織設計等經營管理方案。整體而言,依循組織追隨策略,策略指導功能政策的核心概念,透過管理學的知識架構,發展出室內設計產業專有的經營管理概論。

個案教學一直是商管學院主要的上課方式，這種以參與者為中心的哈佛商學院式的教學模式，主要是透過教師提問、學員回答的討論過程，引導學員思考各種管理知識的可行性，對於有豐富工作經驗的在職生學習效果最佳。記得每次課前準備教案時，常與張總編輯討論其所撰寫的個案故事，透過個案情境以及理論架構的應用，以及學員在討論時的經驗分享與回饋，都累積成珍貴的個案教材，為台灣室內設計產業提供非常落地的經營管理知識。

全書的寫作結構是以策略為主軸，搭配各種生產、行銷、人力資源、研發、財務等功能性政策的作法，簡單說就是以培養一位室內設計公司CEO為目標的課程設計。設計師常將心力專注於設計與創新，但公司成立之後專業經理人的角色尤為重要，好的CEO會讓設計人有足夠的時間與心力揮灑創作能量並確保公司獲利。我在每章論述之後，會根據學術理論框架加以摘要整理，呼應所觀察到的實務意涵供讀者參考。

幾年下來在《漂亮家居》的個案教學已接觸到不少設計師，偶有學員回來分享當初根據上課提供的分析架構，把策略調整好之後公司就開始賺錢的心聲。希望這本全方位的經營管理專書可以幫助台灣的室內設計產業提升競爭力，透過室內設計的價值創造，讓社會擁有美好的居家生活、空間與品味。

解構設計公司經營
導入管理方法學

張麗寶

在《漂亮家居》創刊前，曾在一家房地產雜誌擔任採訪編輯跑地產新聞，後被採訪對象一家房地產企劃公司挖角，有機會跨入產業工作一段時間。這段非媒體的工作經歷，讓我對於房地產市場的景氣變化及行銷專業比一般媒體人來得敏銳。2001年《漂亮家居》雜誌創刊時，經濟發展讓消費者開始注重住宅設計，帶動了家裝設計的市場。對市場敏感度較高的設計公司，開始藉由雜誌行銷來吸引消費者的注意。所以除了內文報導外，還負責室內設計公司的置入廣告，將設計案轉化成報導文章。由於曾在地產公司做過企劃，對行銷及市場自然是有概念且熟悉，因此協助過不少設計公司找到目標市場及市場定位，有專以新成屋首購族為主的「60萬完成百萬裝潢夢想」、只做鄉村風設計的「鄉村風專賣店」、強調設計精品感的「飯店式住宅王」，或是專做小坪數的「八坪霸主」等等，Z設計公司便是其中一家。因為定位清楚，Z設計公司才一年就從個人工作室擴增到20人的室內設計公司。專接住宅設計的Z公司，接量案不但比同規模公司來得高，一個月有近20個工地開工，且設計連同施工的金額，最少都是新台幣200萬元起跳。但這樣年營業額破億的設計公司，經營沒幾年竟出財務危機。

公司會發生財務危機，通常是因入不敷出，缺案量或是成本掌控有問題，收入不及支出所致。案量大，不就代表營收高嗎？怎麼案量大的公司，財務反而發生危機呢？Z設計公司到底發生了什麼問題？這引發了我對室內設計公司經營管理的興趣，爾後在設計師好友藝珂設計創辦人胡福民的引導之下，更開啟了我長達20餘年對室內設計公司經營管理的觀察，也因而成為許多設計師諮詢的對象。

但接觸越深就發現，室內設計產業性質複合，產品過於客製化，使其不

論在公司規模、業務型態及組織結構都較其它設計服務業來得複雜。由於產業發展時間並不長，且較少有專門的設計管理學可參考，絕大多數設計公司的經營者得摸著石頭過河，多是依循過去待過設計公司的營運模式或是個人機運來經營公司，而設計師又多偏感性，公司經營易走向人治，過於以人治為主的經營型態，不只經營者得投入極大的心力及時間成本，也常阻礙了公司組織化的可能。考量自身所學非經營管理，深怕所提供的意見反而造成誤導，於是選擇進入臺灣師範大學管理學院EMBA就讀，並於2017年取得管理碩士。

結束課業後，就一直思考如何依室內設計產業經營特性結合管理學來協助設計公司進行設計經營管理的學習，2018年便在社長林孟葦及論文指導教授康敏平老師的鼓勵及支持下，開設了產業第一堂設計經營管理的課程，同年獲得由《經理人》雜誌所舉辦的百大MVP經理人產品創新獎的肯定。開完第一堂課後發覺仍有不足，隔年又再延伸至4講，再到設計經營8講，愈往下探究愈發覺得有必要將其整理成專業書籍。在此，也非常感謝參與設計經營課程的講師群及學員們，在教學相長過程中，更深化了我的實務智能及管理論述。

《設計師到CEO經營必修8堂課》以自身長期對室內設計公司經營管理的觀察，並應用所習得的經營管理知識，與康敏平教授將設計公司業態特性進行解構分析，並帶入管理學理論及方法學，建構出華人室內設計公司專屬的經營管理書籍。期待協助埋首於設計勞心勞力的經營者，在面對產業紅利漸失、世代更迭傳承、AI人工智慧浪潮來襲等問題時，能及早布局讓公司經營走向長遠。設計提案致勝是本事，公司開大開小是選擇，營運獲利才是硬道理啊！

目錄

設 計 師 到 CEO 的

設計和營運從來就不是一件事，不只如此，還是左腦和右腦、理性與感性的交戰！設計做得好，不代表公司一定經營得好，但經營不好無法獲利的公司，肯定很難立足於市場。只記著設計，忘了公司的本質仍在獲取相對應的收益，是絕對無法成為稱職的經營者，更遑論做自己想做的設計。要經營好一家設計公司絕非難事，只要具備從設計師到CEO充分必要能力，再通過學習建構經營設計公司的管理知識並擬定好策略。但需要什麼充分必要能力呢？

行銷業務力

裝潢費用是僅次於買屋最大的費用支出，為非經常性的消費品，在產品分類屬經驗品，必須透過使用經驗才能有足夠的資訊來判斷。就消費端而言，正因為交易經驗少、資訊也不對稱、又需要高度承諾的服務，就必須靠其他訊號，例如：廣告訴求、定價、或是口碑、關係，來處理市場失靈的交易問題。而對於銷售端，室內設計販售的是腦力創意及落地服務，創意及服務都非可視的商品，必須藉由實地完成案例的呈現，及委託執行過程的體驗才能被看見及認識。能不能成為案源決定於設計者的行銷業務力，這是晉身CEO首要的充分必要能力，其包含如下：

傳達設計想法的說圖力。 圖面是和業主進行有效空間概念溝通的工具，不管使用的是手繪和電腦繪圖，重要的是要能傳達設計想法，要能利用圖面清楚的進行溝通，最終目的在於達成明確的共識。

良好的邏輯溝通表達力。 設計師扮演一個主要的整合角色，在進行溝通協調時必須要有很好的邏輯思維，才能將想法確切表達出來並解釋可

充 分 必 要 能 力

能發生的問題,同時較能說服業主進而產生信任感,培養良好的邏輯及溝通力才能成為獨當一面的CEO。

轉化為服務至上的心態。室內設計業是高度客製化的服務業,親友之間及熟客口碑相傳是推展業務的重要來源,因此執業除了要有專業設計之外,更要有以客為尊的服務觀點,和業主之間良好的互動交流是長久經營公司最重要的事,必須在自己的想法及業主需求取得平衡。

表現設計力的提案技巧。在初步了解業主需求及空間環境之後,就會提出提案簡報檔及平面規劃作為設計師和業主之間理念和想法的溝通依據,提案簡報若能從業主的喜好需求切入分析,並且以材質、顏色、風格等參考圖片輔助,將想法圖像化讓業主對空間能夠有基本的想像,資料準備愈清楚愈能增加溝通深度,也能減少雙方認知上的落差;當然提案時儘可能表現自己的服務精神和態度,讓業主感覺到對案子投入的熱忱,自然增加提案的成功率。

工程管控力

再好的設計,都要能落地才算成功,而落地最重要就是工程管控力。台灣室內設計公司的業務型態多以設計兼施工兼監管為主,其工程多採一條龍方式進行,從設計、報價、發包、施工、監工、驗收都由設計師負責。而大陸因分工專業,設計公司的業務型態多為純設計,尤其是工裝類的項目幾乎都為純設計,雖是純設計但仍須通過精準的圖紙及嚴謹的監控,才能確保項目的完整度與技術的貫徹度,讓設計得以落地。由於工程管控是否得當,不只在於設計能否被實現,甚至還關係著毛利,其包含如下:

豐富的工程實務經驗。室內設計師工程現場的實務經驗很重要,包括材料特性認知,施作工法、工程順序、設備安裝等環節,一定要親身體驗並且有一定的熟悉度,才能設計出符合工程邏輯的設計;一般建議一間設計公司至少待三年以上,才能完整的學習到經營一間公司的全貌,也能接觸到不同類型及尺度的設計案。頭一年主要從設計＋工務開始學習,第二年必須要能處理工地現場所發生的問題,第三年後就要具備獨立操作個案並有提案的能力,且在這段期間也較能累積成熟的設計作品集。

開案到結案的工期規劃。時間對業主或是設計公司都是重要的成本支出,拖延太長可能會影響其它案子的進度,同時會浪費人力和時間成本,必須要估算出符合經濟效益的施工期並加以掌控。作為主控者要能整合空間施工量來規劃時程,雖各工程的施工項目皆有所差異,但要能依照設計師及工班的習慣妥善安排裝修流程,更能達成公司結案交屋效率。

工程團隊組建及管理力。工程團隊的優劣影響落地的成效,工程團隊發包分為統包及分包,評估不外乎服務態度、工程質量、作工細節、合理價錢,所使用的材料是不是原廠符合法規等。由於裝修工程使用的材料和細節很多,因此工程公司的信譽就非常重要,透過同業之間的介紹對初創設計公司來說是比較保險的選擇,即使配合的是有經驗的工程公司,初次合作仍要不斷的溝通培養彼此的共識,奠定未來長久合作的可能。

財務管理力

財務管理是企業管理的基礎,而項目的運作與控制、完成度都是室內設計公司生存的關鍵點,而這些都需要靠精準的公司營運與財務規劃來實踐。不同規模設計公司其財務管理和運轉模式都不一樣,小型的設計工作室,人事成本雖較低,仍應管控成本並設產值目標。大型設計公司,就需要更嚴謹的制度讓公司運轉。業務型態的選擇也關係著財務的管理方式,要成為有能力為公司獲利的CEO,財務管理力是一定要有的充分必要能力,其包含如下:

建立基本財務會計觀念。 財務會計在公司經營非常重要，這關係到公司的成長獲利，而這即使在其它公司待過也很難學習到，建議可聘請外部財會相關專業人員加入協助建立財務制度並學看財務報表，才能掌握公司整體營收狀況。報表不單純只看賺多少錢，而是要懂得從數字看到公司的問題，例如當你增加了50％的設計部人事費用，但製圖率卻沒有相對的成長，這代表你的人事策略可能有誤。這些都能從報表上找到關鍵，數字將能告訴你公司的營運樣貌。

學習面對掌握財稅問題。 財務和稅務問題是公司營運必須面對的，是許多設計師最不擅長但卻是最重要的部分。成立新公司要繳的稅包括，每2個月一次的營業所得稅，每年申報一次的營利事業所得稅以及個人綜合所得稅等等，這些都要算進公司的報價成本裡面，以免做白工；另外，設計師可能會配合到沒有成立公司的工程師傅，要小心遇到拿到虛設行號的發票，建議依照收到發票上面的公司行號開支票作為憑證，以保障自己不要違法。

營運成本估算專案利潤。 多數設計公司都是由個人工作室逐步成長成為中大型公司，個人工作室雖無需負擔人事、辦公室等管銷費用，但有投入就有成本產生不能忽略，才不會一頭熱作白工。如果是中大型設計公司，則投入的租金、人事、管銷等成本相對就會較高，而人事是主要開銷，精算利潤必須連同人力成本一同計算。此外，接案型態、目標市場也會影響營運成本及利潤來源，若以台灣為例，因以家裝住宅設計為主，無法只接單純的設計案，大多是設計兼工程兼監管的案子居多，因此工程成本掌控就相對重要。了解公司利潤來源，並學習從公司的人事及營運成本、費用推算合理定價。

報價及收款同樣重要。 報價再高沒業主買單就是零，同樣地款項沒有如期收到，最終也是白作工，報價及收款都必須管理才能得到預期利潤。不同業務型態財務管理方式也不同，純設計主要在於財務收款與設計進度的跟進，而設計兼施工兼監管的全案設計，其利潤維繫在工程執行的單案毛利，報價必須精準，才不會因浮報降低競爭力，也不會因少報而損及收益，至於收款更要與工程串聯。

設計創新力

創新是室內設計公司的核心能力，由於絕大多數設計公司經營者本身就是設計師，創業初期不可避免的必須著重並承擔整個公司的設計創新，尤其是規模小分工不清的設計公司，設計創新力幾乎都圍繞在經營者身上。但一個團隊的設計創新，不可能永遠仰賴單一設計師的才華奇想，且不只設計創新，包含流程及落地都需要有創新的思維。創新不只是設計CEO必須要具備的，更是設計人要有的，其包含如下：

實務操作提升美感與品味。 造形詮釋的包括色彩、形狀、材質、比例、機能等等，室內設計師所接受的專業訓練不單只是美感問題，而是要學習如何操作這些元素達到想要的效果，因此除了透過書本、旅行、觀摩大師作品累積美感經驗，更重要的是經由實際操作累積設計經驗，這樣才能將想要表達的美感氛圍化為具體空間呈現出來。

掌握資訊同步趨勢調整定位。 處於全球網路時代，世界各地的流行訊息不只取得容易且更新速度也快，在競爭激烈的室內設計市場初創時要先思考公司定位，或是在執業的過程不斷調整找到最適合自己的走向。現今室內設計產業發展的非常成熟，進口材料的廠商通常能同步國際資訊，也可和廠商相互交流嘗試新材質，讓作品有更多元的表現。

除了設計其它也要創新力。 設計創新雖可引領趨勢，卻也是最容易被追趕上的。但事實上設計到落地必須要經過繁複的流程，若能跳脫只是在材質、形式、工法的設計創新，而從行銷、提案、流程、落地等等創新，更能拉開與競爭者的差距。

人才培育力

室內設計是腦力與勞力密集的產業，人力的運用更是連動著設計案量品質與客戶信任，但因創業容易，加上設計師自我成就的追求，留才也成

為經營者最頭痛的問題。且設計師向來都是單打獨鬥,多是以專案型態執行設計任務,當角色從設計師轉為CEO,就要由聽命者變成任命者,帶領團隊,其包含如下:

全方位培育人才的能力。 個人工作室轉化成公司的關鍵就是人才的招募,從人進來到能獨當一面,一般得經過選、育、晉、留等四個階段。在這過程中,除了自身專業知識輸出的培育力外,還必須要有設計職級並明定工作範圍的能力,並同時能訂下獎懲制度來規範員工,而過程中更需要調解的能力,來解決組織人員的矛盾使其團結共心。

評估人力擴張的算計力。 員工薪資、福利金等占了設計公司固定支出最大比例,當公司案量暴增,若評估後發現需要三名正式員工,建議先招聘一位,其餘找專案設計師配合,後續再觀察公司案量是否穩定,要檢視公司收入及評估人事成本,一般會是以年為單位計算,年收入足以承受年度人事成本,來年度再增聘;在台灣請一名員工要部分負擔勞健保及勞退費用,因此預估的人事成本大約要抓薪資的2倍,如果計算後公司年收入不足以支付員工的預估薪資成本,表示增加員工會造成公司負擔,就不適合再增加人員。例如:新進員工薪水是新台幣3萬元×2倍(勞健保及勞退費用)×12個月=預估一年人事成本大約新台幣72萬元。

營運行政力 ———————————————————

一家公司要運作,不是只有核心產品即可。從成立、研發、生產、販售到售後服務,要處理的行政瑣事太多,且多環環相扣。把設計做好並使之落地完成業主交付是作為設計人的全部,但對於CEO而言這也不過是最基礎的核心。當轉換角色時,就不能只思考設計,還必須具備營運的行政力,才能讓公司持續前進成長,其包含如下:

具備合格的專業證照能力。 在台灣有關室內設計裝修的主要證照有「建築物室內裝修設計證照」及「建築物室內裝修工程管理證照」,先

考取其中一張就可以成立合法的室內裝修公司。另外，根據「建築物室內裝修管理辦法」規定合法經營的室內裝修業，除了公司執照、營利事業登記證之外，還必須有一人以上的專業（設計、施工）技術人員，因此取得「乙級技術士」證照後，才能參加「建築物室內裝修專業技術（設計、施工）人員培訓講習」，經測試合格後拿結業證書再向內政部申請辦理「室內裝修專業（設計、施工）技術人員登記證」（兩證可合一），才算是正式取得執行資格。

擬定明確合約避免裝潢糾紛。裝潢流程包含相當多的層面和細節，為了保障設計師和業主雙方權益，都不要省略簽定「建築物室內裝修設計委託及工程承攬合約」，合約內容可反應出一家公司的專業態度與服務誠意，因此內容必須明確清楚，涵蓋項目包括裝潢工程範圍、裝潢工期與展延辦法、工程估價單、付款方式、工程變更或追加減規則、違約、解約的理由與規則、裝潢保固期限與範圍等。

獨資／合夥／公司的選擇。設計公司低資本、低設備、低人力的特性，使得多數人創業時選擇獨資，雖然個人承擔經營風險，但也享有全部經營收益，是最簡單的創業形式。近來則有愈來愈多新世代設計人以打群架概念走向合夥，二人或三人共同出資經營、共負盈虧、共同分擔風險。很多是由前同事或同學共同成立，沒有經驗加上深厚交情，合夥之初都沒有清楚規範包含股權配比及分潤機制等等，隨著公司規模擴大，很容易拉大分歧，最終不歡而散。因此除了要找到理念和價值觀志同道合，且在經營或個性上能互補的人共同合作外，關於股權分配、退出機制等一開始就明定，較能保障公司及合夥人權益。

要有量化公司成長的能力。員工／設計師在工作中最在乎的就是金錢和成就感，少任何一項就沒有持續投入的動力和熱忱，為了讓薪資能階段性的調高，應該視公司人力、能力等狀況，將每年接案的質量訂定往上提升大約5～10%不等的標準，公司才能持續茁莊成長。

危機應變力

室內設計並非民生必須品,雖說現在買房一定要裝修已漸趨勢,但仍不是屬剛性需求,所以產業不只容易受經濟大環境的影響,其它政策像是「限價限購」、「奢侈稅」等等也會造成波動,更不要說像是突發其來的疫情,甚至接案過程中大大小小突發事件,都可能會演變成公司經營的危機。要變身為CEO,危機應變力是一定要有的,其包含如下:

環境及市場敏感度的培養。不要只活在設計圈層裡,多關心設計以外的訊息,而這可以從政策的關注、新聞的瀏覽、閱讀的培養、業主的對話、上下游廠商的訊息等等管道去獲取,及早獲得正確訊息,才能預見並及時因應市場變化。

調度及分散風險的能力。室內設計目標市場,雖只分為工裝商空及家裝住宅兩大項,但深入仍有許多細分市場可經營。過於專注於特定市場時,雖可深入經營,但大環境造成危機時,也會較難調度及分散,若平時就能拉大設計的跨度及目標市場,相對應變能力也會提升。

跨域整合保持應變彈性。隨著數位AI人工智慧的發展,向來以設計為核心能力的設計公司,必然面臨取代危機。現今設計的展現已走向跨域整合,已非傳統的形式、材質、工法可解決,如何善用數位科技使之成為助力,是未來設計CEO必須關注的。

室 內 設 計 公 司

以對室內設計公司經營管理的觀察，將設計公司業態特性進行解構分析，並帶入管理學理論及方法學，提供室內設計公司經營8堂課

【第 1 堂】策略目標的選擇：要想走的遠經營目標要先建立

1-1. 選擇目標市場：只是選擇對的市場，公司業績倍增！

1-2. 思考產品特色：有時候專精，比全包還好！

1-3. 生產鏈的建構：設計一定要從頭包到尾，才能做好設計嗎？

1-4. 生產規模的思考：模組化扼殺創意，做不出好設計？

1-5. 接案區域的範圍：設計公司跨區接案，無法服務好客戶？

1-6. 尋找競爭優勢：不是只有設計，才是設計公司的優勢！

【第 2 堂】品牌創建與維繫：行銷不是只被看見還要被辨識

2-1. 好品牌不只帶客來：降低交易成本並提升價值

2-2. 客人不會自動上門：要讓人找到才有生意可做

2-3. 作品和產品的選擇：懂得推掉案子才能賺到錢

2-4. 設計費不是用喊的：定價有策略才不會被比價

【第 3 堂】業務型態與分工：設計要能落地才有價值和效益

3-1. 羊毛出在誰身上很重要：認清業務型態掌控利潤做好服務

3-2. 一人當責VS.團體作戰：集中還是分散風險選對才能成長

3-3. 落地設計拉抬競爭力：掌控流程關鍵兼顧利潤與口碑

【第 4 堂】採發與專案管理：獲利關鍵在於品管的掌控

4-1. 採購發包與制度：分級發包防弊管控保毛利及品質

4-2. 報價關鍵與制度：精準計價強化競爭力更提升收益

4-3. 專案管理及掌控：落實設計並精準掌控環節賺到錢

經 營 必 修 8 堂 課

第1堂 策略目標的選擇
要想走的遠經營目標要先建立

「有想過，你想經營什麼樣的設計公司嗎？」進入室內設計產業逾20年，問過無數的設計公司經營者，幾乎很少人可以明確的回答這問題。很多設計師出來開業的動機只是為了想做自己的設計，等到創了業才發現，原來開設計公司不是只做好設計就可以，公司需要營運；有的則是因為看好產業發展而進入創業，雖知經營重要卻常是摸著石頭過河。絕大多數經營者，不要說10年、20年，連明年公司會變成什麼樣子，都無法掌控，多是走一步算一步，一切看「幸運」、「機會」，跟玩大富翁一樣。**但經營公司不是玩大富翁，只憑時運或經驗**，經營者必須擬定經營目標及早布局。

1-1. 選擇目標市場：只是選擇對的市場，公司業績倍增！

1-2. 思考產品特色：有時候專精，比全包還好！

1-3. 生產鏈的建構：設計一定要從頭包到尾，才能做好設計嗎？

1-4. 生產規模的思考：模組化扼殺創意，做不出好設計？

第1堂 策略目標

第2堂 品牌創建

第3堂 業務分工

第4堂 採發管理

第5堂 財務利潤

第6堂 留才組織

第7堂 創新研發

第8堂 關係管理

策略選擇是經營設計公司必修的第1堂課，什麼是策略選擇呢？簡單來說就是公司要從A點到B點間，必要的行動方針，讓經營者可以透過資源分配及行動來達到目的，是公司經營的長期目標，也是未來的行動指導。

策略選擇就像是公司的GPS，經營者必須要知道選擇什麼樣的路線並採取什麼樣的行動，才可以從現在的樣子變成未來理想的樣子，**並要時時確認**是否走在你期待的路上。室內設計公司經營的第1堂課就是**「策略目標的選擇」**，經營者要先訂好公司經營的GPS。室內設計公司要如何選擇策略呢？可以從事業策略的策略形態六大構面來思考。

1-5. 接案區域的範圍：設計公司跨區接案，無法服務好客戶？

1-6. 挖掘出競爭優勢：不是只有設計，才是設計公司的優勢！

　　　康老師談「策略」

1-1. 選擇目標市場
只是選擇對的市場，公司業績倍增！

就跟其它設計公司一樣，Aa設計公司也是一家什麼都能設計的設計公司，不管是商業、公共或是住宅空間，還是老屋、新成屋、大宅、小宅、現代、古典、美式，只要業主需要、想要，什麼都能設計。比較不一樣的其是由一家以B型企業組織為目標市場，專做地產樣板房及實品屋的A設計公司所創的子品牌，主要服務對象為地產商。由於必須協助地產商業主設計其私宅，因此跨入豪宅設計市場。看好台灣的家裝市場正快速成長，A設計公司便將原來專門服務業主私宅設計的專案設計師，派至Aa設計公司擔任主持設計師轉做一般住宅設計。

雖說一直以來都負責私宅設計，但對於Aa設計公司主持設計師而言，卻是為了服務客戶所延伸出來，對於C型消費端可說是相當陌生，不只不知該如何進入，面對廣大的住宅市場更不知該如何選擇目標市場。此時，為了提升地產景氣，相關單位推出了首次購屋低利率的優惠貸款，不只刺激大量年輕人買屋，地產商也針對首購族大量推案。這讓Aa設計公司主持設計師意識到首購市場正迅速掘起，他發現這群首購族買屋後，面臨最大問題就是沒有多少錢可以花在裝潢上，但又渴望自己的家是被設計過的。要如何解決他們的問題呢？由於過去為地產商設計實品屋時，常被要求必須快速且在預算控制內完成新成屋設計及施工，也因此累積不少獨到的做法及流程，對於設計模組更有經驗，在成本的掌控有著極佳的優勢。

既然很多消費者都以樣板房或實品屋當做設計裝修的範本，母公司又有此資源，Aa設計公司就選擇30坪內的新成屋為目標市場，考慮到平價市場若加入交通成本，會耗損毛利，他除了選擇雜誌刊登廣告，同時限定只接桃園以北的新案，強打「60萬完成新婚家庭百萬裝潢夢想」，吸引購買新成屋，裝潢預算有限又期待未來的家有風格的年輕人。清楚的市場及定位，果然讓Aa設計公司的業績倍增，快速地在市場站穩腳步。

目標市場的選擇要件

該如何選擇目標市場呢？經營者可以從客觀環境、旁觀資源及主觀條件來做選擇。

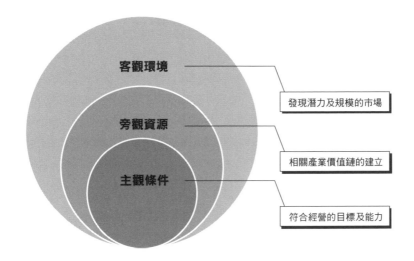

客觀環境—有一定規模及發展潛力：就如同此篇的A設計公司，面對的是消費者開始追求生活品質，對於住宅設計愈來愈重視的市場環境，所以成立子公司—Aa設計公司就選擇專作家裝設計的C端消費者為目標市場。且因為相關單位推出首購低利率貨款，建商也大量推案，就更進一步鎖定了首購族為目標族群，並以此族群面對的買了房就沒太多預算裝潢需求， 推出了新成屋平價設計產品。

第1堂 策略目標

第2堂 品牌創建

第3堂 業務分工

第4堂 採發管理

第5堂 財務利潤

第6堂 留才組織

第7堂 創新研發

第8堂 關係管理

旁觀資源─相關產業價值鏈建立：一般初創業的室內設計公司的客戶來源主要有三，一是周遭的親友們，二是原來公司的客戶，三是上下游廠商如工程或是傢具公司。以Aa設計公司的主持設計師為例，原母公司是以地產設計為目標市場，所以很容易就藉由原地產資源進入首購新成屋市場，不需要再開闢市場。剛出來接案的設計師，雖較難挑選客戶，但仍應維持原有產業資源，並建立屬於自己的價值鏈，在案量累積過程中，就可以開始為選擇市場做準備。

主觀條件─符合經營目標及能力：看到市場不代表有能力或有意願進入，因台灣室內設計多須承包工程，若設計公司無法精準的掌控施工進度及品質，縮短設計與工程的落差，很容易在工程中耗損了毛利，甚至賠錢。Aa設計公司因母公司是一家專作地產樣板房及實品屋，主持設計師對於新成屋的格局、動線及結構非常了解，且擅長以軟裝陳設帶出空間風格，少動硬裝、多用軟裝的設計手法及流程管理，這樣的能力，不僅讓他可以施工快速，毛利也較其它設計公司來得高，他才能選擇新成屋首購平價裝修，這種低毛利但量大的市場作為目標。但若無此能力就投入同樣市場，反而是接多賠多。其實在Aa設計公司成立的同時，還有另外一家以二手老屋平價裝修為目標市場的設計公司刊登《漂亮家居》雜誌。同樣看準大量首購族的市場，推出了「100萬完成老屋全室裝潢」，雖然初期引起消費者的關注，案量多到要排隊，但沒兩年就因為付不出工班錢而結束營業。為什麼會這樣呢？主要是因為相較於新成屋，老屋結構問題多，若設計師經驗不足無法精準掌控設計與工程的落差，很容易因為重做或做錯而耗損了應有的毛利。加上老屋花在硬裝的費用原本就很高，能花在軟裝的費用相對就少，很難呈現出消費者期待的風格美感。而該公司經營者因之前經營系統廚櫃，其毛利主要來自於以系統傢具取代傳統木工。但他對於設計及結構本來掌控就有限，加上案量大增後，急於找設計師，找的都是學校剛畢業的新手設計師，對老屋設計工程就更沒有經驗，就這樣接案越多反而賠越多。所以光看到市場是不夠的，公司的能力和經營目標也是要跟上才行。

目標市場的類型及細分市場

室內設計的目標市場主要分為兩大類，一是專作B型企業組織，主要面對的業主不是個人而是公司團隊或專業行業，這包含了地產建案、酒店旅館、商場開發、辦公廠房、醫院診所、品牌連鎖店、餐廳及連鎖餐飲等；二是面對C端消費市場，其業主都是個人，主要以一般住宅為主。經營者該不該選擇目標市場呢？這對多數設計師尤其是建築及室內設計專科出身的設計師來說，絕對是個難題。身為設計師本來就應該什麼空間都要能設計，面對不同型態的市場，都應勇於接受挑戰。這從設計師角度來看沒有問題，可是若站在經營角度，這兩種目標市場的業主，尋找設計師的動機及裝修需求並不同，設計師在面對這兩者的業主及設計，所提供的專業及動用的資源有著極大的差異。若無法選擇並整合，可能會造成資源的分散而無法聚焦。

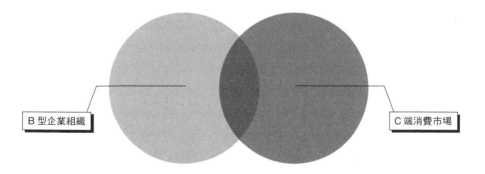

B 型企業組織　　　　　　C 端消費市場

第1堂 策略目標

第2堂 品牌創建

第3堂 業務分工

第4堂 採發管理

第5堂 財務利潤

第6堂 留才組織

第7堂 創新研發

第8堂 關係管理

B型業主重在成就生意：對B型企業組織的業主而言，設計師不只是在解決空間問題及創造空間亮點，他們更期待藉由室內設計強化其商業模式獲利，若能做到，他們跟設計師的關係就會轉為合作夥伴，多能很快在其產業成為指標設計公司。所以設計師在進行設計時，不能只思考設計專業，還必須對其商業模式的運作有相當的理解。而且因其空間多為承租，不論設計或施工都要非常快速，設計師必須要有相對應的資源。

C端屋主重在做好服務：相較之下，C端住宅設計的消費者，雖因空間形式及生活型態不同，在設計上更需客製化，但對於設計師需求及期待就較為單純，多著重於空間問題的解決及生活機能的滿足。可是住宅畢竟為長時間使用，消費者在設計及施工品質的要求相對也較高，不管是否承接工程，設計者若無相當的溝通協調能力及施工經驗也難以承擔。由於從溝通設計到最後施工落地，不只時間較長，且更依賴專業執行，對於服務細節的要求自然更高。對資源有限的新創設計公司而言，在累積案量的過程中，若有更清楚及正確的目標市場選擇，必然能將有限資源做分配，那成長速度及能量絕對比沒有選擇目標市場的設計公司，更快站穩市場位置。當然所謂選擇也不是完全不做，因為B型業主和C端業主有時是重疊的。B型業主會因滿意其商空設計，而再找設計師做住宅，同樣的也會有C端業主因為信任設計師，而在有商空設計需求時尋求協助，但這建議視為客戶服務，經營者仍需著重於目標市場的經營，並在品牌創建初期及早定位。

細分市場的選擇策略

目標市場不是只有B型企業組織及C端消費市場兩種選擇，仍有其細分市場可選擇。在公司資源有限時，建議先集中經營所選擇的細分市場將其產品化，變成公司主力產品，再介入其它細分市場，若所選擇市場資源可共用，就更有利於獲利率的提升。細分市場的選擇策略可分為**B型細分市場**及**C型細分市場**。

B型細分市場選擇策略：B型目標市場服務產業類型非常多元，但就設計公司的服務主要可分為**品牌服務、專業產業、品牌整合**等三種類型：

B型細分市場選擇策略		
品牌服務	主要服務品牌商，重點在於落地服務而非設計發想。	
專業產業	所提供的設計服務，必須要配合其產業，具有相當的專業性。	
品牌整合	提供的不只是設計，還包含品牌定位及品牌視覺統合等等。	

品牌服務實現落地：主要服務品牌商，依品牌定位延伸設計，若為國際品牌其多已有形象規範，設計公司重點在於落地服務而非設計發想，因多有時間壓力，施工速度相對重要，像商場開發、辦公廠房、品牌連鎖店及連鎖餐飲等皆屬此類型。Ab設計公司的主持設計師曾在一家專作商場開發的設計公司擔任主案設計師，所以一創業就選擇以百貨櫃位設計為目標市場，因外語能力佳拿下國際精品品牌的新櫃設計，而開始進入國際品牌市場。對於國際品牌在設計規範及材質選擇及施工要求非常了解，幾乎做遍了國際精品品牌的櫃位及旗艦店，不只如此，許多非精品類的國際品牌也找上門，由於市場封閉，這25年來幾乎不用做行銷，客源始終穩定。

專業產業結合營運：所服務的產業本身就具有相當的專業性，且因其商業模式與空間關係緊密甚或影響獲利，設計師所提供的設計服務，必須要配合其產業特性，需具有相當的專業性，且不易取代獨佔性較強，

第1堂 策略目標　第2堂 品牌創建　第3堂 業務分工　第4堂 採發管理　第5堂 財務利潤　第6堂 留才組織　第7堂 創新研發　第8堂 關係管理

像診所醫院、酒店旅館、地產建案等等皆屬這類。創業已多年的Ac設計公司，並未特別選擇目標市場，就是來什麼案子接什麼，但公司毛利始終獲利有限，且還要面對其它設計公司的競爭，一次機會接到診所的設計，過去沒有設計過診所的主持設計師，為此花了很多精神研究，雖然診所規模都不大，坪數及裝潢費用有限，但他發現診所經營者過去都在醫院擔任醫師，外界訊息較封閉，多依賴業內的交流，所以完成設計後，馬上就有其它診所來找，並不需要特別做行銷且因完工時間快，獲利反而比其它設計好，讓他決定專作診所設計，且因他設計過各科診所，還成了不少診所開業者的諮詢對象。

品牌整合提升價值：這類設計公司服務的業主，多為新創業主或是二代接班，對於品牌有期待，但卻不知如何著手，設計公司提供的不只是設計，還包含品牌定位及品牌視覺統合等等，甚至上下游供應商整合，這類設計公司組成跨域維度很高，室內設計只是其中一環。Ad設計公司主持設計師原本在一家專作餐飲空間的設計公司擔任主案設計師，卻因老闆想結束設計公司經營退休，而不得不出來創業，雖很幸運地接收了前老闆的客戶，在初創業就不需辛苦尋找案源，但他也知道這些業主都是前老闆的老客戶，會找他多是因不知去哪裡尋找設計公司，不一定認同他的設計，所以他的經營必須有自己的獨特性。他發現這些業主雖多只經營一家餐廳，都有品牌發展的想法卻不知該如何著手，於是他找來大學時期其它產品及平面設計的同學組成合作團隊，以室內設計為主統整品牌視覺及定位，果然吸引了許多新創及二代接班意圖轉型的業主，在餐飲空間設計立穩市場。

C型細分市場選擇策略：C型市場不像B型市場，服務的業主產業跨度大，主要以住宅設計為主，但更講求客製化，其細分市場有**風格形式**、**屋型坪數**、**預算客層**等三種類型：

C 型細分市場選擇策略		
	風格形式	形式鮮明的風格，愈能被消費者所辨識，也較難取代。
	屋型坪數	特殊的坪數或屋型，因需要較高設計專業，更依賴設計師協助
	預算客層	選擇預算客層作為目標市場，必須要與經營目標扣合。

風格形式提升辨識：雖從設計端不應有風格限制，但對消費者端而言，風格卻是讓他們理解居家風貌的一種分類方式，較能引起共鳴及認同感。居家風格雖會受潮流影響而起伏，卻不會從消費市場上消失，消費族群只會變大或縮小。形式鮮明的風格，愈能被消費者所辨識，雖消費族群不一定大，但卻也因較難被替代，較具競爭力。因為自己家要裝潢，找不到可以打造北歐風居家的設計公司，Ae設計公司主持設計師便帶著太太一起去了趟北歐，回來後就動手裝潢了自宅PO在部落格。當時北歐風才剛起，立刻得到媒體關注登上雜誌，意外引來讀者要求為他們設計，就這樣轉職成為設計師並成立個人工作室。近年隨著北歐風愈來愈熱門，設計公司的業績不只跟著蒸蒸日上，專賣北歐風居家的鮮明定位，更讓他成為北歐住宅的指標設計公司。不只如此，風格化後更利於模組化，並不需投入太多人力資源，始終維持個人工作室型態，年營業額遠卻超過其它中小型設計公司。

屋型坪數突顯專業：除了以風格形式切入細分市場，屋型坪數也是一種選擇，尤其是特殊的坪數或屋型，像是小坪數住宅及老屋，因需要較高的設計專業，更依賴設計師協助。但也因為專業程度高，設計公司本身更需具相當的裝潢設計經驗。Af設計公司創業作就是主持設計師自己

的家，挑高的小住宅是當時房地產市場的熱銷產品。學建築的主持設計師擅長格局配置，不只將挑高做充分運用讓一坪有兩坪的坪效，還把商業空間設計的材質運用在空間。一登上媒體就受到同樣都是小住宅年輕屋主的喜愛，案子蜂擁而致，於是他便以「8坪霸主」作為行銷定位，不到一年就從個人工作室成為近20人的大型設計公司，還從C型市場跳至B型市場，為地產建商打造樣品屋。

預算客層經營圈層： 住宅設計是非常客製，不同客層對空間的需求及所需的設計服務不同。預算越高當然設計師能發揮空間也大，但相對業主要求也越高，所需花的時間也更長，尤其是特殊客層如豪宅，通常得花一年以上時間才能完成，設計者若無法掌控其需求，不只勞心勞力，最後獲利可能還不如一般預算，卻只要三個月完成的設計案。選擇預算客層作為目標市場，必須要與經營目標扣合。雖不是空間專科出身，Ag設計公司主持設計師轉職至室內設計產業才一年就創業，剛創業時來的客層預算都不高，且案源也不穩定，較難挑選客人。於是撒下大筆行銷預算，很快就在消費者端建立知名度，雖然客源增加，但預算卻參差不齊，最低新台幣不到百萬，最高則到新台幣600萬元。偶然機會接了新台幣近2,000萬元的豪宅，一開始還很開心能接到預算這麼高的案子，接了後才發現，豪宅業主比一般業主還要難搞，不只要派出5位設計師和助理來服務，主持設計師還一定要到，施工期更長達一年半，算算毛利還不如一般裝修案。相較於預算新台幣300萬元的業主，只要1位設計師就可以搞定，且3個月就可完工，更重要還很願意聽從設計師意見，主持設計師就算不常出現也沒關係。結束完這場豪宅設計，讓設計公司主持設計師調整目標市場以新台幣300萬元新成屋為主，營業額很快就破億。

懂得觀察才能
選擇對的目標市場

在室內設計產業20年，經歷過無數的景氣循環，也見證了不同時期的市場變化，每次在面對大環境的變化，總是能適時地提出警告和建議，很多設計師因此而受惠，當然也就引起設計師的好奇「為何寶姐對於市場敏銳度這麼高」，這當然……不是憑感覺得來的！

任何產業的形成、成長及進化，絕對跟其政治、經濟、社會環境的變化及國家政策推行有關，當然還有科技、趨勢的發展。就拿全球貿易大戰這事來說吧，跟室內設計有什麼關係？問10位設計師，特別是做家裝的設計師，大概有9.9位都覺得沒關係，是嗎？當在大陸的台商，因為全球貿易大戰不得不轉移

生產地，回到台灣，房地產銷售難道不會開始活絡嗎？而對大陸家裝市場影響又是什麼？屋主有可能因為公司的變動須調整裝潢費用。如何預見市場的變化呢？得要經過3個步驟的轉化：

觀察市場變化3步驟 必須說，大多數的設計師是活在設計圈層裡，多只關心設計相關訊息，大師完成的作品，絕對比政策的發布還重要。但因經營跟大環境絕對有關係，及早獲得正確訊息，才能預見並及時因應市場變化。

取得訊息：室內設計絕對跟經濟發展有關，尤其是房地產，而房地產又受政策影響很深。財經新聞是一定要關心，不論是區域或國際財經動態都要涉獵，現在手機訂閱非常方便，時時都會推送。當然政治新聞也要關心，尤其是相關於房地產的政策。

搜集資訊：建議可以搜尋財經權威媒體所發的報導，這些媒體必然會尋找權威人士從產學媒角度去做分析，可從分析報導中去預見可能的影響。

驗證預見：數位發達的結果，雖然訊息取得變得容易，但相對的也變成浮濫，真假訊息充斥，所以驗證變得重要。除了多方搜尋驗證外，建議可以找相關領域有研究的朋友做諮詢，再做最後的判斷。

1-2. 思考產品特色
有時候專精，比全包還好！

大學時曾去高中同學所開的服飾店打工，不到500公尺的商圈馬路旁，比鄰了10來家服飾店，可說是一級戰區。由於競爭激烈，每隔一段時間就看到其它店家裝潢換裝或祭出優惠打折，唯獨同學的服飾店不但沒裝潢還堅持不二價。奇怪的是店雖樸素也不打折，但生意卻始終很好，時不時都有熟客上門詢問有沒有新貨。問她怎麼做到？她笑說：「你沒發現這條街只有我一家專賣上班族鄉村風服飾。」對吧！整條街的服飾店，只有她店裡販售各式蕾絲碎花的服飾，根本不需要太多裝潢就很吸睛，折扣就更不需要了。當目標市場明確且產品有特色時，不用做太多事，自然受到消費者關注，室內設計公司也是一樣的。但問題是多數設計師都不知道自己設計有什麼特色？還有什麼樣的設計才能引起消費者的注意。

Ah設計公司是一家由夫妻檔創業的室內設計公司，兩人在回台灣前都曾因唸書就業在國外待過很長的一段時間。創業之初，延續主持設計師對於現代建築的喜愛，都以簡約的現代風格設計為主，建築專科出身的他特別擅長平面配置及動線規劃，也深受業主的肯定。但因為現代風格是台灣室內設計市場風格的主流，絕大部分的設計公司也都以此為主力，讓他們還沒發揮到自己平配的優勢，就得面對其它設計公司的提案競爭，這現象一直到他們完成了一個住宅設計案才擺脫。

這位曾有著國外生活經驗的業主，希望能重現之前在美國的住宅設計，但遍尋設計公司，都無法完整呈現他所熟悉的美式風格，知道Ah設計公司主持設計師的海歸背景就特別找上門，果然實現了他嚮往以久的美式居家。完工後，收到設計師投稿的照片，在結束採訪後，直接建議他們專注在美式風格的住宅設計。因為空間形式設計對設計師從來就不是問題，但氛圍營造卻需要有生活的底蘊，而他們海歸的背景及生活經驗，使其對美式居家氛圍掌握到位。且市場上能將美式風格做到位的設計師

本就不多，更何況美式風格一直受到特定族群消費者的喜愛。於是他們便聽從我的意見，選擇美式風格住宅為定位，很快就引起消費者的注意，也從此擺脫提案競爭的命運。兩人也從個人工作室一路擴展至今日中大型公司的規模，接案的客群更走向頂級豪宅。直到今日主持設計師依舊專注鑽研美式設計風格，並建構出多元美式風格的論述，在台灣的家裝設計市場奠定無可取代的地位。

創建設計特色產品

從設計專業角度來看，設計師本來就不應拘限於風格、屋型、類型，而且工程應該也是一定要會的。在裝潢過程或結束後，有沒有提供特殊的服務，「該有的保固及售後服務我們都有做」應該有100%的經營者都會這樣回答。只是就品牌營銷角度來看，什麼都會、什麼都有＝沒有記憶點＝什麼都不會、什麼都沒有，沒有特色產品的設計公司，是要如何吸引消費者的目光呢？從行銷學角度來看，產品包含有形的物品及無形的服務，且產品應該包含著三種層次，一是能直接解決消費者的問題並創造效益的核心產品；二是在市場上可被消費者所看見的實體外形，包括品質、特徵、造型、商標和包裝等的形式產品；三則指除了產品以外，提供給客戶的附加價值，像是運送、安裝、維修、保固等等的延伸產品。套用在室內設計公司，設計、施工、監管等就是設計公司的核心產品；而設計實現後，所呈現出來的空間樣貌及風格則是形式產品，在設計、施工過程乃至售後，所提供的服務就是設計公司的延伸產品。具有三種層次的產品是設計公司的必備條件，但要創建品牌，就要有讓消費者可辨識的特色產品，這可從這三種層次選擇再提煉出最能代表一家設計公司的設計特色產品，並以此為主力，這可能是最長銷的產品，也或許是市場取代性最低的產品。如何創建設計特色產品呢？

第1堂 策略目標　第2堂 品牌創建　第3堂 業務分工　第4堂 採發管理　第5堂 財務利潤　第6堂 留才組織　第7堂 創新研發　第8堂 關係管理

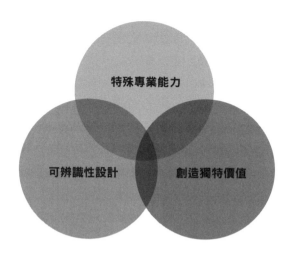

特殊專業能力：設計、施工、監管等是設計公司的核心產品，也是設計師應具備的專業能力，但雖具備卻不一定專精。每位設計師的強項不一，有的擅長平面配置及動線規劃；有的專精工程，任何工法都難不倒；有的則專研材質，在行開發材質用法；有的軟裝陳設是強項，特別會採購佈置。要打造設計公司特色產品，可以從自己的強項下手，若其特殊專業能力，在市場上並無太多競爭對手，就可以此作為與其它設計公司的區隔，但若市場競爭者眾多，就必須要尋找第二甚至第三項足以成為特色產品的元素。像Ah設計公司主持設計師雖對平面配置的掌握到位，讓他能立足於市場，但平面配置也是很多設計公司所強調的，很難在第一時間吸引消費者關注，所以必須再尋找第二或第三元素。

可辨識性設計：任何產業都一樣，若產品的實體外形，有別於同類型產品具有相當的獨特性，很快就可以建立可被識別性，影響實體外形因素包括品質、特徵、造型、商標和包裝等等。若設計公司所落實的設計形式具辨識性，也很容易被消費者所記憶。但要讓作品具辨識性並不是件容易的事，市場上除了少數極具天分的設計師擁有開創形式的能力，多數設計師還是追隨者，當室內設計產業進入產業成熟期就更容易走向均質化，加上數位工具的助攻，要創造出產品的獨特性就更不易。但不易不代表沒辦法，從市場的非主流風格切入也是一種選擇，就像Ah設計公

司選擇美式風格居家。美式風格一直存在於市場，但相較於現代風格，屬小眾市場的風格，相對競爭者也有限，若本身資源匹配，就有機會在小眾市場中成為明星。其實Ah設計公司主持設計師曾問過我：美式風格會褪流行嗎？選擇單一風格會不會有其風險呢？我是這樣回的：任何風格都不會消失，只有變大和變小，你只要讓自己成為這風格的前三名，還怕沒客源嗎？

創造獨特價值：室內設計為文化創意產業，又屬營造產業，同時也是專門設計服務業。消費者期待的不只是能解決問題、工程品質優良及好看的空間，還包含過程前中後的感受及服務，若設計公司所提供的能為他創造價值，那必然能在消費者端建立難以取代的地位。但業主期待的價值為何？B端和C端的客戶期待的不同，對B端商業空間業主而言，若設計公司所提供的設計及服務，能協助他建立更好的商業模式及提升更多收益，就是為他創造價值，面對這樣的設計公司，消費者會將其定位為合作夥伴，不再只是設計及工程承攬的關係。而在C端住宅空間業主所認知的價值就較為發散，必須要再進一步設定市場的區隔，要依其需求去創造價值。像Ah設計公司以美式風格居家為定位，鎖定海歸消費者，而其同樣海歸的背景及生活經驗，使其對美式居家氛圍掌握到位，就能為客戶創造出認同感的價值。

設計產品選擇策略

很多設計師即便創建了設計特色產品，還是不知該不該以此為選擇，害怕一旦選擇是否就無法再改變，這20年來不斷有設計師詢問同樣的問題。以上述的Ah設計公司為例，在以美式風格住宅為公司特色主打產品，難道就會因此而接不到其它風格的案子？當然不是啊！Ah設計公司其實也接了不少其它風格的空間設計，甚至還以非美式風格的辦公室作品得獎，只是為了行銷定位宣傳較少發表而已。有了特色產品也要選擇對的策略，成效才能加乘，以下有幾種策略選擇可以提供參考：

第1堂 策略目標　第2堂 品牌創建　第3堂 業務分工　第4堂 採發管理　第5堂 財務利潤　第6堂 留才組織　第7堂 創新研發　第8堂 關係管理

設計公司設計產品選擇策略	
市場專營型 專營特殊市場提供產品。	
產品專賣型 只賣自身獨特並可辨識性的產品。	
創新產品專賣型 以多元創新產品著稱引領市場風向。	
特殊產品專業型 只服務特定市場客戶並提供專業性產品。	
多元產品專賣型 選擇2～3種特定市場提供不同類型產品。	
全線全面型 不選擇市場、行業及類型，力求滿足消費者需求。	

市場專營型：專心在特定類型市場經營例如小宅或風格或老屋等等，就有機會在此市場建立領導地位，這市場不一定要大，但要有獨特性，並且是你所擅長的。多數設計師在剛創業時，根本不太清楚自身經營目標及能力，有案就接，然後屋主要什麼就給什麼，Ai設計公司剛創業時就是如此。什麼風格都做，大小坪數全接，經營了幾年也花了錢做行銷，但成效始終有限，直到有一次他們完成一個白色鄉村風的住宅拿來給我看。鄉村風在市場上，一直有著相當比例的愛好者，但能設計或喜歡設計鄉村風的設計師卻不多，主要是因為鄉村風偏重軟裝陳設，很多設計公司並不擅長。Ai設計公司的女主持設計師對於軟裝陳設特別喜愛，也很會尋找陳設物件。於是我就建議他們專作鄉村風住宅，兩位主持設計師聽從我的意見，果然很快在市場打響知名度，不但案量大增，連接案價格也愈來愈高。

產品專賣型：專門製造一種特定的產品，並將產品銷售給不同的市場區隔，選擇這類的設計公司，本身的設計要具有獨特性並可辨識性，成功的機會才會大。相較於其它產業，室內設計進入的門檻並不高，不一定要建築或室內設計專科才能進入，很多設計師憑藉自身的美感天分進入

產業，因具有相當的熱情反而表現的比本科的設計師好。Aj設計公司的主持設計師唸的是理工，因為喜歡室內設計而進入產業，尤其鍾情木材溫潤的質感，所以木材和鐵件的結合搭配簡潔線條就成為他設計最大特色。這獨特的設計手法讓他在市場獨樹一格，所以他不只設計住宅，辦公室、餐廳甚至還有旅店，來找他做設計都只為這一味而來。

創新產品專賣型：以生產多元創新產品著稱，其所發表的產品會引領市場風向，這類公司的經營者本身通常是設計圈的明星或大師。這種類型的設計公司會冒出頭的、會被關注的，主要來自於主持設計師本身強大的設計創新能量，其設計公司，多不是在經營公司組織，而是在經營主持設計師個人品牌。由於創新需要付出成本，這類設計公司通常獲利都不如名氣，在經營時，需要更有策略的選擇產品，必須要將創新作品轉為一般產品做量產，才能達到名實相符的經營目標。

特殊產品專業型：只服務某種特定行業的顧客，並提供多樣產品滿足其需求，選擇這類的設計公司一定要對這特定行業有著相當的興趣及熱情，並要從中累積出其專業的設計知識才會更有價值。不同於一般設計師只專注在設計相關事務，充滿好奇心的Ak設計公司主持設計師對於跨域事物從不排斥，因緣際會接到剛準備開設餐廳創業的業主，由於業主對於經營餐廳並沒有概念，為了服務業主他開始鑽研餐廳的經營管理。第一間餐廳設計就引起注意，讓他接連接到幾間餐廳的設計，加深了他對餐廳創業學的興趣，於是被我邀來寫書出了《設計餐廳創業學》，成為當年百大暢銷書，而他也因此成為許多餐廳的顧問，不只設計餐廳還有酒吧、手搖飲等等，從餐廳設計跨入餐飲行業設計。

多元產品專業型：選擇2～3個區隔市場，並就不同區隔市場提供不同類型的產品，這非常適合有不同專業的合夥型設計公司，合夥人若原本就有各自專精的空間設計，不只互補性強，更有機會擴大市場。由兩位年輕設計師所組成的AI設計公司，之前都在市場上頗具知名度的公司上班，因彼此想法接近且個性也互補，便一同出來創業。公司雖是兩人合夥，但其實各自獨立，一位專做商業空間設計，一位專做住宅空間設

計，各自有各自帶的員工，客戶也是各自負責，但對外發表作品都只用公司名，由於兩人設計能力相當，所產出的設計作品不只受到業界的矚目，也常得到各項室內設計大獎，讓他們不只成為住宅設計知名的公司，在商業空間設計也具有相當知名度。

全線全面型：不選擇市場、行業及類型，而是全面性的提供消費者所需要的設計產品，力求滿所有消費者需求。市場多數設計公司都屬這類型，主要原因有三：一是初創業的設計公司尚無條件選擇特色產品，二是經營者有條件卻不知如何找出特色產品，三是經營者有條件也知道，但卻不願選擇特色產品，擔心讓公司定位。只有極少數公司是策略性的選擇全線全面型產品。Am設計公司就是策略性選擇，經營者以集團式概念操作，下轄了幾家小型設計公司，有專做B端市場酒店及餐廳，也有專做C端市場老屋及豪宅。

均質設計下
更需要特色產品

產業發展分為四個時間，形成→成長→成熟→衰退，而室內設計除了深受所在區域經濟的影響，通常商業空間發展的進程，也會先於住宅設計市場。產業在不同時期發展，有各自必須面對的困境及所獲得的紅利。

在室內設計產業剛形成時，投入市場的設計公司不多且設計水準尚處於參差不齊的狀態，此時設計公司遇到的問題在於消費者不懂設計的價值，可是相對競爭者也少，很容易就能跳出進而佔領市場；走到成長期，消費者開始理解設計的價值，市場需求大增，加上入行門檻低，自然會吸引不同領域人才跨域投入，產業雖進入百花齊放時期，但只要

具有一定專業及特色的設計公司，就能獲得消費者的青睞；步入成熟期後，不只設計公司數量會大增，連同設計教育及媒體平台也會趨於普及，設計必然走向均質，尤其數位的發達加速了傳播的速度，設計打破國界及區域的限制，設計公司趨於同質性的問題也就變得明顯，消費者就更難辨識。一旦走向衰退期，太多設計公司投入，市場供給量過大，而消費端若沒有成長，會形成僧多粥少，設計公司若沒有策略應對，很容易就從產業消失。

台灣正處於產業的成熟期，設計公司面對的是過於均質化的市場，本就難以跳出，但因為市場本來就不大，投入創業的設計公司卻是有增無減，使得產業日漸走向衰退。反觀大陸因城市級別過大，產業現多處於成長及成熟期間，雖然市場廣大，但因數位程度高且投入產業的人也多，在產業紅利日漸減少之下，設計公司所面臨的內捲競爭壓力也是不小的。身為經營者不管面對哪一個時期，都必須積極尋找出設計特色產品，並擬定好產品策略，才能跳脫市場混戰。

1-3. 生產鏈的建構
設計一定要從頭包到尾，才能做好設計嗎？

會成立設計工作室，是因為親友委託設計了咖啡館，讓當時還在修建築碩士學位，從未到過任何設計公司工作的An設計公司主持設計師直接進入市場。由於親友有自己配合的工程團隊，讓他一創業就決定不選擇多數設計公司的一條龍式設計兼施工兼監管的業務型態，反而只做純設計，集中心力在設計與客戶溝通需求上，以做出好作品為目標，在市場打響知名度為目標。

因為初期案量來源不穩定，突然爆量的案量，常讓他掙扎於是否要增加人力。但人招進來，就算沒案子進來還是得發薪資，而設計工作室最大的成本就是人力，思考許久他將所進的設計案做了篩選，留下可望成為作品的指標案，將其它案子的效果圖、深化圖外包。而後隨著作品陸續露出媒體及得獎，業績逐漸穩定，公司擴展，他才停止外包，就這樣一路從2人的個人工作室晉身為8人的小型設計公司。就在此時，有機會接到大陸的設計案，由於該案的量體不小，評估最少也要花3年時間才能完工，正躊躇著該不該在大陸落地，就有同事自告奮勇表示願意前往，於是順勢在大陸成立設計公司，進入了海外市場。

進入大陸後，雖然落地還算順利，陸續又接到其它在地的案子，但在案量尚未穩定，派去的台灣設計師還在摸索兩岸設計的差異之際，他回想起創業初期的模式，決定將效果圖及深化圖外包，而且他發現大陸在設計的分工不僅較台灣細且外包更普及，並不需要自己做深化及效果圖。於是他轉換思維將公司主要人力放在設計概念、平面配置發想及與客戶的溝通協調，只保留指標案深化內製，使其成為代表作品，同時將公司的深化圖示標準化並制定外包的SOP。依循著這樣的模式，透過外包嚴密的管理，以避免人力虛擴影響公司經營績效，穩紮穩打地陸續在其它城市及國家設立分公司，逐步走向國際化。

第1堂 策略目標

第2堂 品牌創建

第3堂 業務分工

第4堂 採發管理

第5堂 財務利潤

第6堂 留才組織

第7堂 創新研發

第8堂 關係管理

生產鏈的建構 Step by Step

生產鏈的建構會牽涉到設計公司的經營策略方向，以An設計公司主持設計師為例，雖沒有實務經驗，不曾發包或管理工程，但因專長建築設計，加上人脈資源，讓他可以選擇純設計業務型態進入市場。將主要生產鏈建立在前端設計，並發展外包生產模式，讓An設計公司在進入大陸這樣分工較細的市場，可以迅速整合生產鏈，在尚未立穩市場之初，可以最精簡人力來應對。那要如何建構生產鏈呢？

Step 1.
決定業務型態

Step 2.
列出價值活動

Step 3.
掌握核心關鍵

Step 4.
建立外包檢核

Step 1.決定業務型態： 室內設計公司的業務型態會影響到生產鏈的建構，一般室內設計公司的業務型態主要分為8種（請見附圖1），相較於台灣多為一條龍式設計兼施工兼監管的業務型態，大陸室內設計公司的分工較細，設計、施工、軟裝陳設、監管、企劃、託管、繪圖等，在設計行業內都有各自形成的產業鏈。兩岸會有這樣的差異，主要是因台灣早期家裝住宅市場的消費者並沒有付設計費的觀念，讓設計師必須接工程及監管才能獲利，而後設計費的觀念雖然已形成，但因為家裝消費者無法掌控施工品質，而台灣又多以家裝設計為主，為了讓設計得以落實，多數設計公司仍以一條龍式的業務型態為主。An設計公司創業至今，接案仍以工裝設計為主，而工裝多為B型企業組織類型的業主，具工程發包能力或有自己施工團隊，所以選擇純設計為主要業務型態。

室內設計公司業務型態及工作內容　　　　　　　　　　　　　　附圖 1

編號	業務型態	工作內容
1	純設計	規劃設計
2	純施工	依圖施工
3	純監管	監控施工品質並要求成果
4	純軟裝陳設	陳設設計規劃及軟件採購
5	設計兼施工兼監管	規劃、設計、用料、監管整體進度與經費掌握
6	純企劃	針對市場需求、未來發展等做分析建議
7	純託管	代業主尋訪廠商做中介工作
8	純繪圖	繪製設計圖、深化圖、透視圖或 3D 效果圖

第1堂 策略目標

第2堂 品牌創建

第3堂 業務分工

第4堂 採發管理

第5堂 財務利潤

第6堂 留才組織

第7堂 創新研發

第8堂 關係管理

Step 2.列出價值活動： 決定了業務型態後，試著列出一個設計案從開始接案到結束的價值活動，去建立屬於自己公司的生產鏈，這樣才能更清楚自己公司在每個階段所必須付出的人力及成本，還有這價值活動中，自己與供應商、銷售商、業主價值鏈之間的連接。附圖2所列的室內設計公司常見價值活動鏈，只是概略從行銷至客戶關係經營列出，中間仍有其它價值活動，設計公司可以自行再增列。以An設計公司為例，因其業務型態為純設計，就不會有發包等價值活動的產生。

室內設計公司常見價值活動鏈　　　　　　　　　　　　　　附圖 2

價值活動																
	行銷活動	客戶接洽	設計概念	平面配置	效果圖	深化圖	發包	工種工班	挑選建材	挑選設備	施工管理	監管	軟裝採購	軟裝佈置	點交驗收	售後服務	客戶關係

Step 3.掌握核心關鍵： 列出生產鏈後，更容易看出公司在整個價值活動中的所扮演的角色，當然在人力充足之下，設計公司應該要掌控每個價值活動，但人力是設計公司最大成本，不可能無止盡的擴張，更不要說人力有限的新創設計公司。經營者要學習從生產鏈中去找出公司的核心關鍵為何？將人力集中配置於核心力的養成建構，其餘可以外包或是與其它公司合作，才有機會以小博大。以An設計公司因為純設計的設計公司，行銷活動、客戶接洽、設計概念、平面配置等為其最關鍵的核心力，必須完全掌控，而效果圖、深化圖就可以外發，當然主要指標案的深化還是要回到公司，甚至還須延伸至發包、施工等積極協助業主，才可能有作品的產生，別忘了設計師最好的行銷，還是自己的作品。

Step 4.建立外包檢核： 找出核心關鍵，是否就可以把其它價值活動外包呢？這必須再回到公司的策略目標。An設計公司是以工裝B型企業組織為目標市場，這類型的空間設計重點在於商業模式的建立與串聯，而不是在於施工細節，相對在深化圖面的細緻度要求也就不高，較適合外包。An設計公司主持設計師從創業初期，仍至大陸開創海外市場都是選擇外包制度，外包之初也經歷陣痛磨合期，一般設計公司遇到這問題，多選擇退回到公司增加人力內製，但因為其有人力緊縮的壓力，只能堅持外包。從建立外包廠商資料庫，到建立公司的深化圖示標準化，並在重要環節設檢核節點，串聯出檢核管控的SOP，藉由外包的整合，讓公司能夠以最少的人力創造業績最大量。

家裝設計公司
該不該接工程

一條龍式設計兼施工兼監管的業務型態，在台灣可謂常態，大陸則是因為家裝市場的興起而成為討論議題。曾受北京營造家獎邀約進行論壇，「家裝設計公司該不該接工程？」便是其中一題。一位選擇純設計業務的設計公司經營者強調，他都以自己只做純設計與其它接工程的設計公司做區別，認為只有純設計才是設計型設計公司。此話一出，就受到我和另一位設計師的反對，若以此為標準，那台灣的室內設計公司不就都不是設計型設計公司了嗎？設計公司接工程的目的是什麼？是為了解決業主的痛點，還是為了落實自己的設計，這是經營者必須思考的。

從解決業主痛點的觀點來看，大多數C端住宅市場的業主並不像B型企業組織的業主，有發包工程的經驗及能力。設計雖然能解決空間問題，還能提升生活品質，但相較於設計，發包施工難度更高，萬一設計無法被落實或落實工程中發生問題，形成設計方和施工方的對立爭執，都會造成困擾。無法被落實的設計叫紙上談兵，能落實的設計才會成為作品，設計要被執行出來，需要與建材設備廠商及工程團隊密切配合。純設計最大問題是設計師雖然提供了設計施工圖，但無法直接掌控施工進度及品質，當工班沒有能力或是無法配合，就會讓設計走調，進而造成設計師和工班的對立。確保自己的設計可以被落實，是許多設計師堅持一定要接工程的原因。專業的設計師在設計時，都應思考實現的可能，包含材質、工法及收邊等環節。很多精彩的設計都是透過設計師的想像和工班一起去研發出來，透過施工也會讓設計師的設計更為精進，這也是台灣室內設計師在家裝設計的細節可以如此到位的主因之一。

1-4. 生產規模的思考
模組化扼殺創意，做不出好設計？

雖然不是出身室內設計本科系，但Ao設計公司主持設計師大學一畢業就以開室內設計公司為目標。第一份工作先到室內設計公司當設計助理，學會了平面配置及繪圖技術，接著又轉到另一家設計公司擔任工務，搞清楚發包及工種、工序、施工、監工後，最後選擇擔任室內設計公司老闆的助理，透過協助老闆報價、談客戶等過程中，了解到設計公司經營，累積了快5年的室內設計公司工作經驗。正猶豫是否要成立個人工作室時，接到來自前公司業主的案子，在與當時還是男朋友的先生討論後，兩人決定一起創業，太太做主設計及工務，先生負責公司營運管理，並選擇了一條龍式設計兼施工兼監管的業務型態，主要目標市場還是以C端住宅設計為主。

兩人雖都是跨域轉職進入室內設計產業，但因為成立設計公司的目標明確，不到5年就由個人工作室擴展至10多人的設計公司，且接案的金額及客層都走向高端，還有不少自地自建的獨棟別墅。只是公司規模擴張，卻沒有帶來預期的收益。從製造業轉職而來的先生發現，室內設計及施工不像製造業，過於客制化，不只開發成本高，無法量產更限縮了產能，可是不客制化又顯現不出設計的獨特性，要如何取得平衡呢？還有愈走向高端或量體越大的空間設計，所花的時間也愈長，容易消耗了原預估的利潤。直到一次去參觀了系統傢具工廠，他突然茅塞頓開。

木作在裝潢費用上佔有極大的佔比，除了因為櫃體設計多用木作施作外，木作塑形力強，很多特殊造型也都需要用到，但木作也是最耗時且容易製造噪音及汙染粉塵的工程，常受限於社區大樓施工時間及場地的管控，容易造成施工時間延長增加成本。若木作工程能像系統傢具一樣，在工廠被模組化生產，就可以解決上述木作工程問題進而提高利潤。於是他找來了配合工班一起投資器具開設木作工廠，將所有木作工程都移至工廠施作。不只解決木作限時限地問題提升工程效能，而不需

第1堂 策略目標

第2堂 品牌創建

第3堂 業務分工

第4堂 採發管理

第5堂 財務利潤

第6堂 留才組織

第7堂 創新研發

第8堂 關係管理

客製的像是櫃體桶身在予以模組化，成本也大幅降低。而客製化的設計，則以木作為基礎發展出各式混材設計形式，降低了開發客製設計的成本。Ao設計公司在擴大生產規模後，不只收益提升還能維持了設計的獨特性，而木作工廠也不只接自家設計公司工程，意外地整合產業鏈增加收益來源。

生產規模與成本的策略選擇

生產規模關係著成本，透過技術控制讓生產規模化，就可以達到降低成本提升獲利的目的。但對室內設計公司而言，產出的設計要形成獨特性，才容易在市場上具有辨識度，只是獨特意謂客製包含圖面、形式、工法、收邊等等都要量身訂製，無法被模組化，就難以被規模化生產，成本當然就高，公司規模也跟著很難擴大，生產規模的選擇會影響設計公司經營策略的方向。

但室內設計公司一定要客製才有獨特性？模組就做不出好作品？以Ao設計公司為例，在選擇投入木作工廠模組化產能後，非但沒有因此捨棄了量身訂製的客製，反而以此作為客製優勢，並延伸出不同的收益。室內設計公司如何透過生產規模達到降低成本提高或擴大收益的目的，可以有以下思考：

降低成本提高收益		
	規模經濟	透過模組化的穩定技術水準，讓生產規模擴大。
	核心專長	找出核心專長，讓多樣活動共用，提高經濟效益。
	經驗曲線	透過學習效果、製程調整及產品改善來創造收益。

規模經濟降低成本：透過模組化的穩定技術水準，讓生產規模擴大，就能讓成本下降。室內設計雖講求獨特性，但並非每項工程都可以或是必須客製，很多機能性的設計是可以被模組，最常見的就是櫃體的桶身，尺寸需求都差不多。像Ao設計公司就在木作工廠製作全部櫃體桶身，既可以模組量產，施工又不受限時間及場地，產能增加同時也降低了成本。

核心專長提高效益：除了模組擴大生產，也可以找出核心專長，讓多樣活動共用，進而降低開發費用，提高經濟效益。Ao設計公司就以木作工廠的技術為基礎，再加工發展出各式混材形式的獨特設計，運用在櫃體門片、隔屏等等的設計，兼顧客製及成本。

經驗曲線創造收益：所有產業都一樣，重複工作會帶來學習效果，而且固定流程後，也容易進行生產製程的調整，同時透過產品的生產也可以了解客戶的偏好，進而改善產品，這就是經驗曲線所帶來的效益。室內設計也是一樣，以Ao設計公司專注在木作工廠的生產，在木作工程上就能夠取得高於其它設計公司的經濟性，而木作又是室內設計重要工程，不只可以保有競爭優勢，同時以此發展代工，又再另創其它收益。

＃寶姐經營共學

模組化不只是形式

每次跟設計人提「模組化」（或模矩化），從他們投射出的不以為然的眼神，會讓人覺得自己簡直像是犯了滔天大罪的罪人一樣。對設計師而言，模組化是創意的殺手，一旦模組化就不是設計而是商業產品，但問題是室內設計的本質就是商品。室內設計尤其是住宅設計最核心的還是在於解決使用者的問題，而不只是為了做出獨特性，而且也不是所有業主都需要這樣的獨特性，有時候太過於獨特反而會造成使用者的困擾。很多設計師都將模組化侷限於外在顯示的形式，確實重複單一形式，不要說業主覺得了無新意，連設計師自己也會膩到厭世，哈！

很多設計師對於模組都有錯誤的認知，其實真正的模組化不是只有外在形式，設計製圖、建材採購或是施工收邊，甚至客戶服務都可以被模組，透過模組可以因重複性高而提升產值，也可減少因嘗試新材質或混材，造成施工及收邊成本增加。而且最重要是空間要具有獨特性也不是只靠硬體的設計，就算是選擇單一風格為定位的室內設計公司，也可以在風格元素模組下，透過傢具、傢飾、藝術品的陳設擺設展現出獨特性，像是前面章節所提到以鄉村風為定位的 Ai 設計公司，也從鄉村風發展出美式鄉村風、法式鄉村風、北歐鄉村風、南歐鄉村風、殖民地鄉村風等等。

除非始終堅持個人工作室，否則當公司走向組織規模化，尤其公司人數超過10人以上，經營者若不將設計、材質、施工、服務等模組化建立標準，很容易就發生案量持續增加，毛利卻不斷下降的慘事。而且所謂模組化，也不表示說不再客製。室內設計公司要在市場被關注或發揮影響力，仍需要有持續的作品，重點在於如何將客製作品轉化成模組產品，而不是毫無策略的客製作品，這樣才能做到真正名利雙收。至於作品與產品如何生產，其它章節則會再討論。

1-5. 接案區域的範圍
設計公司跨區接案，無法服務好客戶？

20年前成立設計公司時，台灣的一般消費者都還沒收設計費的觀念，但Aq設計公司主持設計師認為自己的核心還是在設計，所以第一天開業就堅持一定要收設計費。相較於其它區域的消費者，台北的業主對於設計費的接受度較高，因此選擇以台北為創業起點。以「量身訂製」的鮮明定位及作品，受到媒體的關注加上操作得宜的媒體行銷，Aq設計公司很快就立穩市場，7成以上的業務都是C端住宅設計。由於家裝住宅設計業務較多，一般業主對於發包及施工較不熟悉，選擇一條龍式設計兼施工兼監管的業務型態，除了協助業主解決問題，也為了落地實現設計，尤其公司的定位就是「量身訂製」，在設計及施工的複雜度都較高，必須要自己掌控，因此接案的區域也都以在地為主。

隨著公司知名度愈來愈高，常接到來自台中等地業主的電話邀約設計。考量到中南部並沒有熟悉的工程隊，加上台北到台中的車程最少也要2小時以上，擔心無法服務好客戶，一開始並沒有想要接案，但因為業主實在太熱情，只能勉強接下。除了從台北派度工程隊下去，同時也透過其它在地設計師介紹當地的施工隊，剛開始磨合期花了不少時間，不只常常得派員工南下現場監工，重要節點仍需要台北的工程隊來執行並移轉工程技術。但隨著台中案量不斷增加，生產鏈自然建立，正考慮是否設分公司時，一位設計師想回台中老家發展，於是將設計師留下升為合夥人，台中分公司2010年正式成立。

至於會於2013年到北京設分公司則是因緣際會，現北京合夥人是透過朋友引薦認識，本只想找Aq設計公司協助自宅設計，在設計過程中對室內設計產業產生興趣，雖然自身不會設計但因人脈關係可以帶入案源，便邀請Aq設計公司合夥成立公司。但畢竟雙方都不熟悉，為求謹慎Aq設計公司主持設計師一開始只願以顧問方式合作，在這段期間，透過設計執行了解兩岸設計生產鏈的不同，同時也讓雙方有更進一步的認識。一

年後，北京分公司正式運營。由於大陸分工較細，多數設計公司都以純設計為業務型態。但Aq設計公司主持設計師認為要落實設計，仍應選擇一條龍式設計兼施工兼監管的業務型態。為解決北京在地工程隊施工水準參次不齊問題，Aq設計公司主持設計師除了找到適合工程隊，在工程執行初期都會找來台北工程隊在重要節點指導，藉以提升在地工程隊的素質。Aq設計公司不僅沒有完全配合當地市場業務特性，並且還使用台灣公司的名號對外行銷，運營、工程模式就是照著台灣的方式進行，從台北、台中到北京，打破了地域的限制，擴大經營的地理涵蓋範圍。

設定接案區域的選擇策略

不同於其它產業，室內設計產業主要提供設計服務，非常重視個人服務，而且要將設計落地需要透過施工，設計和施工間則得要經過嚴密的協調，和近距離的控制，所以本地化管理趨向明顯，地理涵蓋範圍也就是接案區域相對也較為受限，而這也是為何室內設計公司多為中小型，上市公司極少的原因。但受數位化影響及數位工具的推陳出新，設計公司地理涵蓋範圍也跟著擴大。雖是如此接案區域的選擇仍是室內設計公司經營者，在設定經營策略必要的思考。

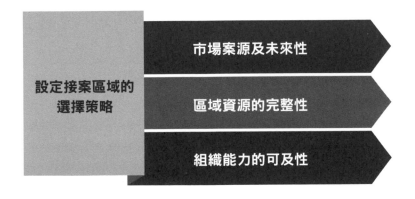

設定接案區域的選擇策略

市場案源及未來性

區域資源的完整性

組織能力的可及性

市場案源及未來性：市場性絕對室內設計公司在選擇區域時首要考量。無論選擇在何處落地設立公司及接案區域，案源絕對是重要考量，有了穩定的案源，設計公司才有發展的可能，且不能只看到眼前還要預見未來。Aq設計公司創業就以成為收設計費的室內設計公司為目標，在當時家裝住宅市場消費者普遍都還沒有付設計費的意識，他選擇了在台北創業。除了台北是台灣重要經濟城市，民眾消費力強，更重要是有付設計費的意識及意願，而且20年前的台灣室內設計產業才要進入發展期，台北的市場未來性是絕對可期的。而後選擇到台中及北京也都因為區域市場正在形成，有案源才去設立分公司，拉大地理涵蓋範圍。

區域資源的完整性：不管是選擇在哪個區域創業或是擴張接案區域，在地資源完整性關係著接案後執行的成效。隨著室內設計公司業務型態選擇不同，所需的資源也不盡相同。以Aq設計公司一條龍式設計兼施工兼監管的業務型態，不只得出設計方案，還要能發包、施工及監管，所以跨域至其它區域時，得要有施工隊的資源才能成。但各地的施工品質不一，要落實設計，除了設計師本身對於工法就要能掌控，Aq設計公司還選擇將配合已久的台北工程隊送至台中及北京，協助訓練在地工程隊。初期成本一定是高的，但從長遠來看，Aq設計公司也組建了專屬的工程隊，形成差異化，反而更能受到市場的關注。

組織能力的可及性：就如前言，室內設計是需要經過嚴密的協調，和近距離的控制，所以本地化管理趨向明顯，一旦跨區域組織管理能力就受到考驗，Aq設計公司選擇以合夥方式，讓組織在地化，台中的合夥人是有意願回鄉的設計師，而北京則找到了有經營意願且有案源的合作夥伴，重要的設計核心仍然放在台北總公司，也就是在Aq設計公司主持設計師身上，透過數位工具做遠距的掌控。

邁向國際型室內設計公司的跨區域接案策略

受數位化影響及數位工具的推陳出新，過去被視為需要近距離的控制，本地化管理明顯的室內設計產業也逐漸打破地域的限制，接案區域不斷擴大，甚至進入海外市場，像台灣就有不少室內設計公司到大陸設立公司。一般會跨出原有服務區域到他地，甚至海外接案的設計公司，通常是為追隨業主擴展業務，這以B型企業組織為目標市場的室內設計公司最常發生，早期台灣設計公司會進入大陸市場，多是為了服務老業主而落地。在地業主的主動尋找，也是設計師跨區域接案很大的動機，像Aq設計公司就是如此。另外，還有是為了追求市場，近幾年很多台北的設計公司到台中甚至大陸設分公司就是因為看好當地市場發展。設計本來就不應受地域的限制，不管只是跨區域接案或直接設立分公司，只要注意以下幾點，要成為國際型設計公司將不是夢想：

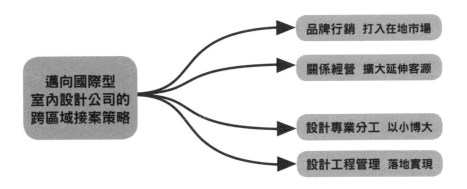

品牌行銷打入在地市場：設計師最好的行銷永遠是自己的作品，若能完成所選擇區域在地的指標設計案，不只能驚動當地產業圈，還能吸引媒體報導，若能再加上設計競賽的加持，並透過媒體行銷或自媒體經營，擴大知名度的同時還可引起在地業主的關注，最重要是經營在地業主，唯有如此才能真正進入市場。

第1堂 策略目標
第2堂 品牌創建
第3堂 業務分工
第4堂 採發管理
第5堂 財務利潤
第6堂 留才組織
第7堂 創新研發
第8堂 關係管理

關係經營擴大延伸客源：除了品牌行銷建立知名度，在地關係的經營也很重要。可以藉由參與在地設計組織公協會的活動建立產業關係，這雖不會帶來直接案源，但卻可以透過其去了解在地市場操作的方式，尤其是市場的潛規則；也可以藉由產業鏈的串聯，往上或往下與建材、設備、傢具等廠商組成策略聯盟，透過其來開發新案源；要延伸與客戶的關係，才可能透過老客戶帶來新客源，要試著去建立專屬的服務流程形成口碑經營。

設計專業分工以小博大：案子接到後就要進行後續設計專業分工，室內設計公司最大的成本就是人力，而且每個區域圖樣不同，特別是施工的深化圖，初進入新市場，建議要控制員額以最小人力來應戰，善用外包及有限人力很重要。外包在前幾章的生產鏈的建構章節有討論過，可以透過審核制度來發包效果圖、深化圖，以減少人力支出問題；若已決定落地設分公司，與其由母公司派人則不如招募在地員工，不只是成本較低且較接地氣；當然若只是跨域經營沒有打算落地，則直接回母公司進行轉化是最省成本。

設計工程管理落地實現：如同前述，設計師最好的行銷永遠是自己的作品，再厲害的設計若沒辦法落地實現，就只是紙上談兵。不管選擇純設計或是一條龍式設計兼施工兼監管的業務型態，設計工程落地的管理都非常重要，設計和施工間得要經過嚴密的協調，和近距離的控制，而跨區域經營遇到最大難題就是距離，雖有數位工具的協助，但仍有其限制。交由業主自行管理工程，除非業主本身具有相關專業能力，否則仍需要設計師的協助，建議將協作業主發包管理列入服務項目，以託管方式來達到設計落地；或是與當地施工隊組成策略聯盟，成為指定施工工程隊，當然也可以自組施工隊自行工程管理，選擇後兩者，設計公司本身的工程能力要很好，才能駕馭在地工班，或是像Aq設計公司將原配合工程隊送去培育在地工程人員。

#寶姐經營共學

從冷門區域出發更容易被看見

室內設計產業的發展跟所在區域經濟有絕對正相關，都市化程度越高的地方，對設計價值的認同度較高，自然設計付費的觀念也就越成熟，所以年輕設計師要進入行業或是創業大多會落地大都市，這也是為何台灣設計公司有一半以上都位在大台北地區的原因，只是大都市的案源雖多，競爭相對也大。數位的發展拉近了城鄉的差距，近年來有不少年輕設計師選擇回到故鄉創業，雖然只是縣級的城市，認同設計會尋求設計師協助的業主較少，但也因為能選擇的設計公司有限，反而更容易被看見，Ar設計公司主持設計師就是如此。

完成設計教育後也曾掙扎是否要跟隨同學一起到台北進入設計公司工作或是留在故鄉山城打拼，因為家裡事業就是做營造工程，雖然所服務的在地業主多只是需要工程協助，但仍有尋求設計的零星案源可接，且又有工程資源可銜接設計後的落地，另外，父母也不希望他北漂，於是在完全沒有實務經驗下就成立了個人工作室。

由於在地沒太多設計公司可選擇，加上父親原本的工程口碑效應，很快就接到案子，雖然初期作品不多，但透過網路行銷並積極北上參與設計比賽及活動，讓Ar設計公司主持設計師不只在當地竄出名號，不少周邊縣市的業主也尋上門，業務快速擴張，不到幾年就成為在地指標設計公司，而當時選擇到台北進入設計公司工作的同學則到現在都還沒創業呢。有時候反向思考選擇冷門區域出發，更容易被看見，因為追求設計所帶來的高品質生活是人的天性，除非是資源全無的窮鄉僻壤，不然永遠都有需要設計的人，而且數位打破城鄉距離，也不一定只能接在地的案子，當然能做這樣選擇的，一定要有在地產業資源支援，才能成功喔。

1-6. 挖掘出競爭優勢
不是只有設計，才是設計公司的優勢

從相關設計科系進入室內設計產業，As設計公司主持設計師始終兢兢業業，成立個人工作室時，台灣室內設計產業正走向發展期，雖然市場的快速成長讓他在幾年內就擴張成為10餘人的公司，但他也看到年輕設計師不斷地投入創業，面對日益競爭的市場，若只是比設計、比美感是很難跳出，除了設計還有什麼優勢可以讓他難以被取代呢？As設計公司主持設計師認為設計要能落地才是最重要，而且以台灣一條龍式設計兼施工兼監管的業務型態，工程的掌控關係著設計的效果及品質，還有公司的毛利。如何從洽談、設計、施工、完工到保固售後服務，都能透過管理提供業主好的體驗進而形成口碑，並讓每個設計案在執行時都能守住毛利，讓公司營收能穩定成長，一直是As設計公司主持設計師努力的方向。

室內設計偏向創意及服務產業，對應的空間及業主都不同，雖較難以用標準化作業流程來管控，但並非做不到，且施工落地屬營造工程是可以透過管控達到一定的品質。As設計公司主持設計師便將多年從接案到售後服務的經驗，化成數千條可被量化及執行的SOP標準作業程序表，不只讓所有同事有標準可循，同時節省時間並避免資源浪費大大提高效率，既守住了應有的毛利，也因為管控得宜，讓每次設計都能落地實現，而穩定的品質更深獲業主的信賴，讓他大膽延長裝修後3年保固服務，優於同行的1年的保固期，使得As設計公司與其它公司形成差異性。As設計公司不比設計而是以SOP標準作業管理作為公司的市場定位，透過行銷擴散3年保固服務，不只讓As設計公司立穩市場超過20年，還跨海至大陸成立分公司。

建立難以取代的競爭優勢

台灣室內設計產業性質複合,既是文化創意產業,又屬營造產業,以設計為核心、強調研發、創新,與客戶的互動性高,並須依客戶不同需求而調整服務內容,且必須讓客戶參與設計流程,並與客戶溝通達成共識,從接案、發想到落地實現,所需的時間、人力、知識不只密集且服務的密度也相當高。要讓業主覺得滿意,不單只是在於圖面的設計,包含過程中的溝通、服務,還有最後是否能把設計實現,落地的施工品質及驗收,乃至售後服務都會影響業主對設計公司的評價。而這幾年受數位影響,設計資訊取得容易,讓設計更走向均質化,設計師若無法建立設計以外的優勢,是很難在市場上跟其它設計公司競爭。哪些是設計以外業主最在意而又能成為設計公司的競爭優勢呢?

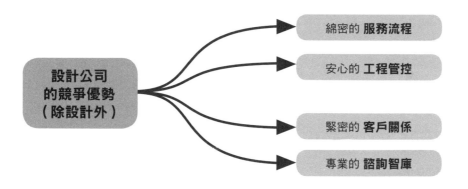

綿密的服務流程:室內設計是設計服務業,一個空間設計從開始到完工所需的時間很長,少則3個月、半年,多則1、2年以上,其流程不只繁瑣,所動用的人員也很多,而室內設計包含工程的花費又是僅次於買屋最大的花費,很多業主一生可能只裝潢1、2次,要他們安心並信任,就需要綿密的服務流程,As設計公司主持設計師將服務流程化成SOP標準作業程序表,在第一次與業主面談時就詳細告知,而這也是他們對外行銷很重要的訴求,在設計沒有很大差異時,As設計公司綿密的服務流程就成為他們獲得業主青睞的重要利器。

安心的工程管控：室內設計的流程是環環相扣，進入施工後，工種的整合就更為複雜，各項工程的進度及工法施作都可能會影響到另一項工程，所以中間只要有任何差池，都可能為日後帶來維修或保養的麻煩。而多數的設計師，即便是空間設計本科多只專長於圖面設計，工程經驗大都是進入行業後，才開始累積，常得要依賴工班，對於工班施作是否標準不一定了解。As設計公司主持設計師的SOP標準作業程序表，其中也包含各項工程的施作，即便新進設計師都可以做到標準化的工程管控，而這也是他們公司與其它公司競案時最大優勢。

緊密的客戶關係：室內設計公司的業務來源主要來自於主動行銷（包含廣告置入、自媒體經營、媒體報導等）及被動舊客戶回薦（客戶回購及客戶推薦等），一般室內設計公司新舊客戶比約在5（舊）：5（新）或6（舊）：4（新）。主動行銷能不能有效地帶入新客戶，決定於目標市場、產品特色等定位，而被動舊客戶回薦，則有賴於室內設計公司能不能有策略地維繫。當然滿意的服務流程及良好的設計施工品質是客戶關係經營起點，如何在結束裝修後，還能與客戶維繫一定的關係，就有賴於設計公司的經營。As設計公司以其標準化售後服務流程建立完整資料庫，即便已完工10年仍可以依施工圖進行維修。相較於新客戶不知人在何處，舊客戶是室內設計公司較能掌控，緊密的客戶關係也是室內設計公司除了設計外，能變現的競爭優勢。有關於室內設計公司客戶關係的維繫策略，本書最後一章節也會進行討論。

專業的諮詢智庫：如何創造設計以外的附加價值，也是室內設計公司可思考的競爭優勢，尤其是專作特定商業空間的室內設計公司，不只可提供設計服務，還可成為業主在專業領域的諮詢智庫。在前面章節提到的，專作診所設計的Ac設計公司，因為所服務的客戶都以開業醫生為主，自然成為許多醫生業主諮詢的對象；Ad設計公司則在介入餐飲空間設計後，整合產品及平面設計，協助業主統整品牌視覺及定位；而Ak設計公司則以其餐飲空間設計跨域，在陸續出了3本以餐飲創業為主的書後，成為專業的餐飲顧問。諮詢智庫的服務，都讓這些設計公司在市場上具有強大的競爭優勢。

將個人特殊專長
轉化成競爭優勢

剛進入室內設計產業時還是個小編，對室內設計的理解還停留在表象，為了嚴選能上雜誌的設計案，常執著於空間的設計感及美感，所以習慣以此來評斷一家設計公司的好壞，覺得設計得好、有創意又漂亮才是家好設計公司。由於除了內文報導外，還要負責設計公司付費的設計廣編稿，不僅無從挑案，有時還得採訪屋主，這才日漸明瞭對屋主而言，好的設計不只是在於空間風格及形式，還包含過程中的服務、施工品質及設計師所提供的附加價值等等。從入行時設計師的設計水準參差不齊到現在設計公司的設計明顯過於均質，老實說當

今要找到沒有設計感或美感的設計公司還真不是件容易的事，在設計愈來愈缺獨特性的當下，設計公司非得建立除了設計以外的優勢。

除了上述可以轉化成公司競爭優勢的能力外，若設計師有個人特殊專長也是可以的喔。像At設計公司的主持設計師從小就對五行八卦特別感到興趣，在進入室內設計產業後，對於風水空間能量學就更加鑽研，在設計時都會依屋主的生辰自動幫其規劃風水好位，因為這項專長，讓他不需要做太多行銷，業主自動找上門，甚至還變成了好朋友，沒事就去他公司泡茶聊天，公司每天都是賓客盈門；爾後看好大陸市場的發展，At設計公司的主持設計師在完全沒有案源下進入，風水能量學就成了他廣結善緣的利器，讓他很快就打入大陸各設計協會組織，且還受邀到各地演講甚至開課分享，成為他在市場上個人化標籤。這不只為他一年帶進新台幣數百萬元的演講課程收入，藉由演講開課又讓他更加深入到各線城市，認識各地設計公司，而這也為他帶來案源，常有學生邀請他一起合作標案，At設計公司主持設計師從來也沒想過自己的興趣會成為特殊專長，還成為他在兩岸市場的競爭優勢。所以設計師別老抱著設計，也要想想自己有什麼專長。

康老師談「策略」

「策略」經常被用在各種管理的文章中,似乎是大家耳熟能詳卻又各自解讀其意涵的用詞。在策略管理學術領域中,策略有多種意涵,例如跟國際布局有關的海外市場進入策略,跟競爭者拉開距離有關的差異化策略,新舊產品價格有關的定價策略,或是各種策略類型描述有關的如藍海策略等。本書所談的策略,主要是跟產業經營管理有關的作法,也就是在室內設計產業經營有關的「事業策略」,以及執行事業策略所需的各種「功能性策略」,包括:生產、行銷、人力資源、財務、研發等功能相關的策略。

本書所涉及的策略範圍,包括事業策略和功能性策略。第1堂課談的就是最重要的事業策略,第2堂課之後分別介紹行銷管理、組織設計、生產管理、財務管理、人力資源管理、研發管理、以及客戶關係等功能部門策略,分別與第1堂課的事業策略相互呼應。

策略是什麼?簡單來說,策略就是協助經營者配置內部資源時所依據的方向,策略就是決策,也是重點的選擇,清楚的事業策略有利於企業依循之成長方向和績效目標。至於如何清楚描述一家公司的事業策略?本書用了六大重點來描述策略,包括:市場、產品、生產鏈、規模、區位、獨佔優勢,這些都是攸關企業競爭力的關鍵決策,有所取捨,才能聚焦策略重點。

第一個策略重點：選擇目標市場 ————————

選擇目標市場或是客戶類型，也意味著捨棄非目標市場。拒絕客戶聽起來似乎是違反商業邏輯的一件事，但更正確的說法應該是企業必須找尋「策略配適」的市場。建議在進行目標市場區隔時，先決定交易對象是以消費者或是企業客戶為主，也就是 C 型或是 B 型客戶。如果是前者，就需要針對消費市場的人口統計變項分類，例如：年齡、性別、社經地位、生活品味等。如果是後者，就必須了解企業客戶的能力條件、互補性資源、相對議價力、商業模式等。因為不同的目標市場的客戶特性不同，決定其交易行為與因應之道。

第二個策略重點：思考產品特色 ————————

室內設計服務之客製化程度相當高，最終目的要為業主或客戶創造價值。室內設計公司的服務或產品較難定義，所以更需思考其產品線廣度與特色，不僅攸關其生產與施工流程，也能在為數眾多的競爭者中展現出特色。

第三個策略重點：生產鏈的建構 ──────────

許多室內設計公司經營者都會把心力聚焦於外部市場或是產品上，大部分屬於產出面的環節，而投入面則屬於生產鏈的建構。由於大部分室內設計公司的資源有限，更需要聚焦於核心或是關鍵的價值活動。自製與外包的選擇，不僅攸關企業規模大小與經營範疇，更攸關競爭優勢的布局。把核心的價值活動保留在公司內部自行生產，把不擅長或是非核心的價值活動外包，才能保持企業的彈性與韌性。不過，外包管理更需注意標準作業流程，好的供應商就如同好的顧客一般，都需要經營其合作關係。

第四個策略重點：生產規模的思考 ──────────

當生產數量增加時，若每一個生產單位的成本會因此而降低，此時該生產活動即具有規模經濟的效益。規模經濟、範疇經濟、學習曲線等，都與生產效率和成本多寡有關。室內設計產業雖是相當客製化且服務導向，但不代表每個投入面的價值活動都要與眾不同或是差異化。在不需差異化的地方盡量標準化或是模組化，同時不要小看重複性活動的效益，因為重複活動會累積成經驗，經驗會減少錯誤，這些都是累積公司能力的基本功，唯有鍛鍊好這些基本動作，才能減少員工時間與心力的耗損，將豐沛的人力資源放在有價值的活動與創意上，這才是追求規模與生產效率的終極目的。

第五個策略重點：接案區域的取捨

距離在管理上的意義，一方面反應出不同地區生產要素之異質性，另一方面是距離讓管理幅度產生限制，因此產生許多管理成本。而室內設計產業與房地產息息相關，區位優勢更是與總體經濟與當地經濟條件連動。

第六個策略重點：尋找競爭優勢

除了前述五大策略構面或設計之外的優勢來源，其中與進入時機、外部關係、內部資源、技術能力、甚至行庫關係等，都屬於廠商專屬的優勢，足構成策略布局或出奇制勝之立足點。

綜合上述，不管企業規模大小或是成立年資長短，其資源都是有限的，所以需要策略作為資源與機會取捨的依據。策略不是大師手上的神秘配方，反而是內部員工之間溝通的語言。當經營者或是老闆能將公司策略說清楚時，員工越能朝著相同的目標前進，不至於互相抵銷部門之間的力量。這六大策略構面是經營者最需要關注的重點，有了清楚的事業策略，才能讓各個功能部門主管掌握其執行的重點。

第 2 堂 品牌創建與維繫
行銷不是只被看見還要被辨識

「只要做好設計，自然就會被看見！」這句話向來被設計師們奉為圭臬，在剛進入室內設計產業時，不要說品牌經營，多數設計師是連行銷概念都沒有的，但也因為這樣的觀念，讓很多設計師視行銷為一種罪惡。在那個沒有網路，也不時興設計競賽的時代，設計師要被認識，作品要被看見，除了自身的人脈，就只能「被動」等待媒體挖掘採訪，特別是室內設計類雜誌，而媒體也習慣以設計師角度來報導，很少去理解消費大眾的需求，而這也造成了兩端的鴻溝。當時台灣家裝市場正成形，消費大眾開始意識到居家設計的重要，卻很難找到可以對應自身需求的設計師。所以《漂亮家居》雜誌一創刊就以居家生活空間學習誌為定位，溝通設計師與消費者兩端，同時也將室內設計公司的設計案拆解轉化成知識報導做置入行銷，讓消費者可以透過設計案的報導，理解設

2-1. 好品牌不只帶客來：降低交易成本並提升價值

2-2. 客人不會自動上門：要讓人找到才有生意可做

2-3. 作品和產品的選擇：懂得推掉案子才能賺到錢

計師的設計理念及手法，設計師才化「被動」為「主動」，來行銷自己的設計，進而帶動了台灣室內設計公司行銷的意識及觀念。

時至今日，雖然拜數位所賜，設計師作品發表的管道變多了，但台灣室內設計產業也走向成熟期，不但**設計走向均質化，設計公司更如雨後春筍般成立，設計公司若沒有行銷作為將更難被看見**。但行銷擴大能見度及知名度只是手段，要讓公司的營運走向長遠，品牌的經營才是目標。**品牌不只能創造忠誠顧客，還能吸引優秀的人材並培育出忠誠的員工，更能指引公司經營方向。室內設計公司經營第2堂課「品牌創建與維繫」，教你從四大構面來思考室內設計公司品牌的創建。**

2-4. 設計費不是用喊的：定價有策略才不會被比價
康老師談「品牌與行銷」

2-1. 好品牌不只帶客來
降低交易成本並提升價值

既非室內設計科班出身，也沒有待過任何一家設計公司，Ba設計公司主持設計師在成立公司之前，是在房地產代銷公司擔任專案經理，負責建案的行銷及銷售。因為常需與設計師討論實品屋、樣品屋的設計，因而對室內設計產生了興趣。機械製圖本科的他，本來對於尺寸比例的掌控就精準，加上美感繪畫的天分及案場銷售對消費者喜好的了解，不只常動手調整設計師的設計，在負責發包的過程中，也累積了很多工程施作經驗。2000年觀察到台灣家裝市場即將進入成長期，便離開地產圈進入室內設計界，直接開設個人工作室。

深知要被消費大眾認識一定得透過媒體行銷，便找上了新創刊的《漂亮家居》月刊。第一次見到Ba設計公司主持設計師時，其工作室才成立一年，靠著過去累積的人脈，已陸續完成了幾個住宅設計案，由於之前從事代銷工作，對於品牌經營本來就很有概念的他，在每個案子完工後，不但依循過去打造樣品屋的經驗，進行陳設佈置的拍照儲備行銷的資源，也知道若只是仰賴媒體的「被動」邀案，是無法透過密集刊登在消費者端形成印象，於是便採「主動」行銷策略，跟雜誌社簽下年約，刊登一年12期的設計案例。

因同在地產圈工作的經驗，和Ba設計公司主持設計師一開始便有共識，品牌經營才是目標，而非只是曝光設計作品。以精緻住宅作為品牌定位，喊出飯店式風格，果然引起消費者的關注，再加上每個月都有新案在雜誌刊登，Ba設計公司很快就成為《漂亮家居》的明星，不只案量大增，每個月最少開工20場，公司員工也迅速成長至20人以上。爾後隨著公司接案金額不斷提高，又再加入其對於施工及設計細節的重視，更強化其打造精緻住宅的品牌定位。

成立至今逾20年，因為好口碑已有固定舊客戶回流的Ba設計公司，早已不缺客源，但每年依舊編列行銷預算投放，從雜誌、網站、電視，只要

能接觸到消費者的通路，都可以看到公司作品。明確的品牌定位及行銷策略，不只累積了不少粉絲級的死忠業主，且主動尋來的業主，對其設計的堅持及手法也都非常了解，在接案時並不需要花太多時間及精力與業主溝通或說服，不只交易成本較其它設計公司低而且還更具價值。

室內設計公司品牌形成步驟

所謂品牌（Brand）是指企業所提供具有辨識度的產品或服務，不只在消費者心目中有其獨特的形象，同時也能與市場上的競爭對手有所區別，是企業重要的有形及無形資產。而室內設計公司品牌，更是傳遞著主持設計師的設計核心價值及精神理念，所以品牌創建之於室內設計公司，不只在於開創業務帶入收益，為公司吸納優秀人才，同時還能提升消費者對其設計價值的認同，進而降低交易成本。品牌的建構及形成，需要時間的累積及持續的優化，才能面對及因應產業在形成、發展、成熟、衰退等不同時期的變化，必須及早規劃。但在討論建構品牌之前，首先要釐清品牌和行銷有什麼不同？《漂亮家居》創刊前，就有設計公司會在雜誌做付費行銷購買單頁廣告或是設計案，但都只是為了曝光作品，並沒有試圖與消費者溝通其設計的核心價值，於是所刊登的設計案反而成為消費者與工班的溝通工具，很多消費者拿著雜誌上的照片要求工程隊照著施作，無法理解設計師的設計理念。

品牌≠行銷≠銷售，並不是有了企業識別LOGO或是花錢打廣告就是在建構品牌，品牌是要有其所要傳達的價值主張，必須與其目標群眾有著長期的連結與溝通，使其因為認同而改變原本的認知，並具有相當的辨識性，同時也是質量和信譽的保證，屬整體長期策略。而行銷則是短期戰術，目的在於有效率傳遞品牌價值及精神，進而達到提高銷售目的。以Ba設計公司為例，創業時正值台灣家裝設計市場形成開始要發展，主持設計師過去的地產經驗深知建構品牌的必要，會選擇《漂亮家居》雜誌作為年約行銷通路，主要是因《漂亮家居》不同於其它雜誌只是刊登設計案，會將室內設計公司的設計案拆解轉化成知識報導做置入行銷，

使其可以長期與讀者溝通設計理念與手法，清楚傳達其品牌定位，與其它設計公司形成差異化，讓Ba設計公司這20年來，即便面對台灣室內設計產業不同時期的變化，依然屹立於市場。室內設計公司要如何建構品牌呢？

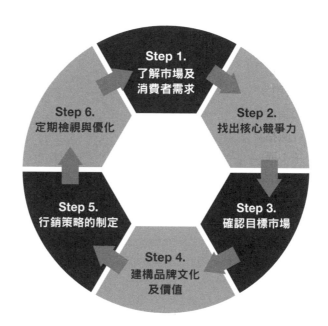

Step 1.了解市場及消費者需求：品牌定位是建構品牌的基礎，但要如何找到定位呢？首先要了解產業市場狀態及消費者需求，才知道這市場正處於什麼樣的發展階段，市場有沒有空缺？消費者又需要什麼樣的產品或服務。Ba設計公司主持設計師過去在地產公司擔任專案經理，因而察覺到消費者對居家生活日益重視，台灣家裝設計市場已形成，消費者對家裝設計師開始有了需求，於是選擇在2000年離開代銷業創設個人設計工作室。

Step 2.找出核心競爭力：了解市場，也清楚消費者需求，要再回頭來檢視自己有何核心競爭力，為何產業必須要你的投入？就像Ba設計

公司主持設計師看到了家裝設計市場，但他既非空間設計科班出身，也沒有在室內設計公司上過班，他有何能力可以與已經在市場開業的設計師競爭呢？要如何來檢視自己在市場的競爭力呢？可以使用市場行銷常用的基礎分析法─SWOT分析（SWOT Analysis，又稱優劣分析法）來做。要如何做呢？可以用簡單的四象表格（如下圖），區分出內部組織的優勢（Strengths）、劣勢（Weaknesses），及外部環境的機會（Opportunity）和威脅（Threats），然後做自我的評估及分析，了解公司的核心競爭力為何，及現在在市場的競爭位置，才能找出品牌的定位。以Ba設計公司為例，其內部的優勢在於他在房地產公司擔任專案經理，負責案場銷售又統合經手樣品屋的設計及工程發包，不只對於消費者的居家設計風格喜好能充分掌控，且因過去售屋所累積的名單也有助於案源的開拓；而劣勢則在於他與室內設計界無任何淵源，若遇到設計或工程問題就得靠自己解決，難有業內資源支援；而外部環境的機會則是家裝設計市場開始發展，消費者需要家裝設計師來協助裝潢；而威脅則是不少科班出身的設計師，紛紛出來創業，其具有室內設計專業形象，但Ba設計公司仍找出自己的核心競爭力。

Step 3.確認目標市場：找出核心競爭力後，接著要確認目標市場，在【第1堂】策略選擇已討論過如何選擇目標市場，在此就不多贅述。但從目標市場要如何跳出呢？就要做市場目標定位，如何做呢？可以運用STP理論來找出定位，「為了無可取代，必須與眾不同？」時尚品牌Chanel創辦人COCO CHANEL如是說，首先要找出你跟別人不同的，也就是所謂的S（Segmentation），再來對焦目標市場T（Targeting），接著做好市場定位P（Positioning），像射箭一樣要層層對準，才能射中靶心（如下圖）。由於Ba設計公司主持設計師和我都有房地產行銷經歷，在選擇《漂亮家居》雜誌簽下年約著手行銷前，我和他便有打造品牌的共識，運用STP理論我們一起討論出品牌定位。先從市場、消費者需求及Ba設計公司主持設計師核心競爭力，找出了Ba設計公司重視美感與機能兼具的設計手法，與其它設計公司有明顯差異做出了市場區隔；同時也察覺到喜歡這樣設計的屋主多很嚮往五星級飯店的設計，於是就把目標市場對準常出國的商務人士或愛旅行的屋主；最後決定以精緻住宅飯店式風格為定位，並成為品牌slogan，至今，已20年了！

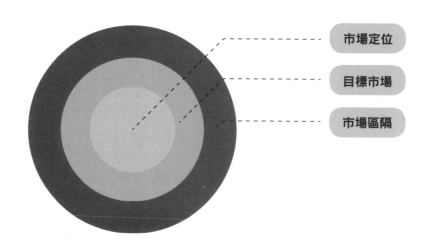

Step 4.建構品牌文化及價值：若以為定位好目標市場，確認好
slogan，再設計很炫的LOGO就完成了品牌建構，也未免太過膚淺，那
只是完成了品牌的表象。要為品牌注入靈魂的，還是品牌文化和價值，
而這通常也代表著組織文化，所以品牌文化與價值的建立不只在於吸引
業主，同時也能吸納優秀人才進入公司。何謂品牌文化及價值呢？絕對
也不是老子說、莊子道，很多設計公司為了顯現其設計高度，常會引用
一些學說，這些學說本身沒有問題，問題在於其設計與學說若無法連
結，反而會變成空話而不是文化，若是面對大眾的品牌更要避免，因為
一般大眾不見得理解其涵意。同樣以Ba設計公司為例，在以精緻住宅為
定位後，主持設計師也提出好宅設計文化，主張住宅設計是依屋主生活
量身打造，而不是為了滿足設計師的美感，認為美感是必然，但要放在
最後，設計師設計時必須是機能＞空間感＞舒適＞美感，並以「飯店式
風格」、「隱藏式收納」、「櫃體形塑空間」強調其居家設計的精緻。
由於品牌定位、文化及價值清楚，登門尋求設計服務的業主，幾乎都能
將Ba設計公司所提出的好宅設計箴言朗朗上口，大大降低溝通的交易
成本。

Step 5.行銷策略的制定：設定好品牌定位、文化及價值，就要開始擬
定品牌行銷策略，除了要有效率地傳遞品牌價值及精神，讓目標市場的
消費者認識並了解，最終目的還是在於提高銷售，讓業主為設計買單才
是最重要的。那要如何擬定行銷策略呢？可以運用行銷策略4P來思考。
所謂4P是指產品（Product）、價格（Price）、促銷（Promotion）、
地點（Place），以Ba設計公司為例，其產品主打飯店式風格住宅，由
於鎖定常出國或經營事業的商務人士，定價自然不低；雖然如此，他以
物超所值為促銷手段，強調他的設計施工雖貴，但每分錢都花有所值，
所創造出來的質感及空間感絕對加乘；同時Ba設計公司選擇以大眾消費
者可接觸的行銷通路，為主要投放行銷預算的地點，透過雜誌、網站、
電視，來與目標族群對話溝通，提高設計的成交率。有關於行銷策略的
制定會在下幾個章節繼續做深入的探討，就不在此贅述。

第1堂 策略目標
第2堂 品牌創建
第3堂 業務分工
第4堂 採發管理
第5堂 財務利潤
第6堂 留才組織
第7堂 創新研發
第8堂 關係管理

行銷 4P
Marketing's Four Ps

Step 6.定期檢視與優化：品牌維新跟建構一樣重要，品牌並不是建構好就結束，品牌可是會老化並有其壽命的限制，必須因應產業在形成、發展、成熟及衰退等不同時期的變化而有所調整。現今在數位的推波助瀾之下，環境變化速度之快，品牌若無法及時回應調整，會加倍其老化速度，因此品牌經營者必須要時時檢視並優化其品牌及行銷策略。以Ba設計公司為例，設定精緻住宅飯店式風格為品牌定位，並將行銷策略列為公司年度計畫執行，其行銷通路隨著媒介環境的轉變，一路從紙本雜誌擴展至網路及電視，順應消費者端對於空間質感的重視，又不斷迭代加入其施工及設計細節的重視，更強化其打造精緻住宅的品牌定位，讓他可以屹立20年而不搖！

從行業內品牌到消費者品牌

Bb設計公司主持設計師，因緣際會接到第一件住宅設計案，卻因為業主財務而負債百萬，迫使他創業開設室內設計公司。在開業2年後，觀察到住宅設計市場已起，深知大眾品牌可讓公司快速被消費者認識，不只投入廣告行銷，並以英式風格居家設計為定位，成功以豪宅品牌形象帶入穩定案量。但建築出身的他，仍期待能在行業內建立品牌，於是透過關係陸續接到了旅店、醫院的設計，並以此持續做設計創新並積極參加國內外室內設計大賽，同時參與兩岸室內設計公協會組織，果然如願建立行業內品牌，為他引進商業空間設計案並在產業有了一定的高度。

空間設計教育養成的設計師易受「只要做好設計，自然就會被看見！」觀念影響，總認為主動行銷是罪惡，像Bb設計公司主持設計師主動透過廣告行銷建立大眾品牌的經營者並不多。時至今日，台灣室內設計產業已進入成熟期，早年沒有建立品牌只靠著口碑行銷的設計公司，若沒有打入特殊市場（如豪宅）經營，面對來勢洶洶年輕世代設計公司的搶佔，就只能打價格戰。當然現在建立品牌愈來愈不易，但不做，將來更沒機會，只是設計師自己要認清，建立的到底是行業內品牌，還是大眾品牌，方向清楚了成功機率才會高。

品牌分為行業內及消費者品牌，行業內品牌主要經營的是產業上下游或周邊企業組織的B型客戶，而消費者品牌則是以大眾消費市場為主，室內設計公司在經營品牌時，常錯把行業內品牌或是消費者品牌當成全部。進入室內設計圈時，因當時市場仍以工裝設計為主，使得設計師們多只著重於行業內品牌的建立，不懂得與C端消費者溝通，也沒有認知要建立大眾品牌，特別是科班出身的設計師。

2-2. 客人不會自動上門
要讓人找到才有生意可做

非科班出身的Bc設計公司主持設計師，唸大學時，就已發現自己對於從商並無興趣，畢業後，看到了職訓所免費招生室內設計繪圖，開啟了他對室內設計的興趣。而此時台灣住宅設計市場正快速發展，受數位化影響，消費大眾尋找設計師的管道轉移，網站及電視串流，室內設計媒體走向平台化。

雖受完訓也順利取得室內設計相關技術士證照，但完全沒經驗的他，本來是計畫完成朋友店的裝修後就要去上班，誰知完成第一家店後，陸續又接到朋友的委託，就這樣開始了個人設計工作室。但不到一年，親友委託的案子越來越少，加上親友的案子多只是裝修案，稱不上作品也無法投稿給媒體，案源自然中斷。此時，剛好完成朋友家透天老屋完整的設計裝潢，於是朋友建議他上電視做廣告行銷，果然電視串流網站，引起很大迴響，案量瞬間暴增，讓他感受到平台效應，開始投入廣告行銷。

面對業務量激增，也不知要篩選客戶，他只能不斷找員工進公司應付案量，疲於奔命接案的結果，獲利卻不如想像多。而此時，不少設計公司也注意到平台的效應，於是紛紛投入平台廣告。一直忙於接案，發現廣告效益愈來愈差，不禁恐慌起來，找上平台業務，在對方以投入行銷金額不夠為由鼓吹，不斷加碼的結果，不但案量沒有增加，財務也出現破口，公司竟然負債。原來所投入的廣告行銷費用，遠遠高於公司的營業額。

了解Bc設計公司創業的歷程及所發生的問題，發現他雖然知道可以透過廣告行銷帶入案量，但卻是特定且單一平台，而且完全沒有行銷預算規劃的觀念，最重要是公司定位也不明。第一次投放廣告行銷會成功是因為平台才剛起，設計師進駐有限，當大量設計公司投入時，沒有清楚

定位的Bc設計公司自然就被淹沒，作品不具辯識度、訴求又不明，核心的行銷問題沒解決，投入再多廣告行銷費用，都跟丟在水裡一樣！於是協助Bc設計公司做好定位，並提出行銷4P—產品（Product）、價格（Price）、促銷（Promotion）、地點（Place），建議他們要放大通路（Place），廣告行銷只是其中一個管道，他們必須再經營媒體、關係、自媒體等行銷通路，讓更多需要設計裝潢的屋主看到他們，當然更重要是做好行銷費用的規劃，賺錢不易啊，錢還是要花在刀口上。

室內設計公司行銷通路策略選擇

室內設計師最好的行銷，永遠是自己所設計的空間，如何讓自己的作品被看見，是所有設計人的期待。但要被看見，需要有管道也就是所謂的行銷通路的擴散，且還要是能對應的行銷通路，能與所設定的客層產生共鳴，才有機會轉化成業主。尤其家裝住宅空間設計，不像工裝商業空間設計的開放及公共性，更需要透過行銷通路來精準觸及目標族群，才可能帶入業務。

以Bc設計公司主持設計師為例，原本是想在完成朋友委託裝修的小餐廳後，到設計公司上班累積實作經驗，卻因餐廳為商業空間很快就被業主的朋友注意，而走上創業之路，但也很快因無完整設計作品及關係用盡而導致案源中斷。直到他有了完整的老屋改造空間設計作品，並投入廣告行銷於電視串聯網站，讓他被大眾消費者看到，才帶進案量。但成也行銷通路，敗也行銷通路，Bc設計公司主持設計公司雖然因選擇到對應的行銷通路打響了知名度並帶進案源，但卻因為沒有意識到行銷通路環境的轉變，並只壓寶在同一行銷通路，對廣告行銷預算設定沒有概念，投入超出公司年度盈收的費用，結果不但沒有帶進應有的案源，反而造成公司財務危機。

隨著數位的演化，室內設計公司的行銷通路更為多元，大致上有六大行銷通路：**一為室內設計專業媒體：**以室內設計專業為主要報導內容，如

第1堂 策略目標　第2堂 品牌創建　第3堂 業務分工　第4堂 採發管理　第5堂 財務利潤　第6堂 留才組織　第7堂 創新研發　第8堂 關係管理

台灣的《漂亮家居》、《室內》及大陸的《現代傳媒》、《id+c室內設計與裝修》、《設計腕兒》等等；**二為室內設計平台：**主要是在媒合設計師和大眾消費者的網站及APP，像是台灣的《設計家》及大陸的《好好住》都屬於這類；**三是大型入口網站：**室內設計為其中頻道，如台灣的《Yahoo》、大陸的《網易》、《騰訊》、《新浪》等；**四是電視影音頻道：**以影像內容為主，傳統電視像是台灣的《就是愛住設計家》及大陸的《改造夢想家》之類的節目，網路影音則包含台灣的《YouTube》、大陸的《抖音》都是；**五是所謂的自媒體：**主要以設計公司的社群經營為主，除了官網外，台灣多使用部落格、Facebook、Instagram、Line等，而大陸則是微信號、微博、博客等；**六則是搜尋引擎：**主要在於關鍵字的搜尋功能，台灣是以Google為主，而大陸則為百度。

至於近年來十分盛行的室內設計競賽，並無法完全被歸為行銷通路，大賽雖然可以讓設計師因作品選出而被看見，仍只是行銷活動。但若舉辦大賽的主辦方為平台或媒體，會因本身既有的媒體或平台而延伸出類行銷通路的效應，除了得獎作品的宣傳效益外，還會帶來後續其它設計作品的報導，像是《漂亮家居設計家》舉辦的TINTA金邸獎、《好好住》的營造家獎、《騰訊》的金騰獎、《新浪》的室內設計新勢力等等。面對多元的行銷通路，室內設計公司該如何擬定通路策略呢？

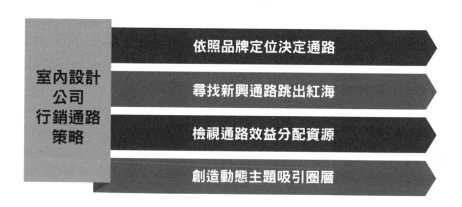

室內設計公司行銷通路策略

依照品牌定位決定通路

尋找新興通路跳出紅海

檢視通路效益分配資源

創造動態主題吸引圈層

策略1. 依照品牌定位決定通路：所謂通路策略就是以目標顧客為目標，適時、適地的提供設計及服務資訊。所以目標顧客需要什麼？會出現在什麼時間？什麼地點？就很重要。但多數設計公司是連自己的目標市場都搞不清楚，更不要說品牌定位。以Bc設計公司為例，在朋友建議下選擇了電視為行銷通路，雖然吸引許多準備裝潢自宅的屋主，但因為品牌沒有明確定位，所以來的客層也非常參差不齊，坪數、預算的差距都很大，不懂評估接案效益就照單全收，結果只能不斷找人進公司，造成公司管銷成本過高，反而吃掉該有的利潤，獲利當然不如想像。通路策略決定於品牌定位，首要確認的是目標市場，是經營行業內品牌還是大眾品牌，要先分清楚。在前一章節，也提到若目標市場主要為企業組織的B型客戶，行業內品牌的經營就很重要，在選擇行銷通路，室內設計專業媒體絕對是首選；若是以家裝設計的C端消費者為目標市場，室內設計平台、入口網站、電視影音及自媒體都是選擇。目標市場確認後，接著才是品牌定位。就要觀察你所鎖定的目標顧客需求？還有主要獲得資訊及活動行銷通路為何？才能精準地將公司服務，推送給他們。行銷通路不對，吸引來的不是目標顧客，不只沒有效益，還很浪費時間及金錢。

策略2. 尋找新興通路跳出紅海：回想20年前《漂亮家居》剛創刊時，室內設計行銷通路主要還是在紙媒雜誌，但隨著科技的推進，受眾獲取訊息的管道持續轉移，從網站、電視、APP，到不同型態功能的社群載體。而這也是《漂亮家居》必須要從雜誌、圖書，一路延伸至《設計家》網站、《就是愛住設計家》電視影音及APP，成為室內設計全媒體平台的原因。通路發展的路徑都差不多，都會歷經形成、發展、成熟及衰退。形成期投入行銷資源，雖然成本低，但極有可能因為通路發展不如預期，而無法獲得效益，但相反地要是發展超出預期，那就能以小博大；通路進入發展期，投入行銷資源的成本雖稍高，相對競爭者也較少，此時成效通常是最好，Bc設計公司就是很幸運地，在電視通路發展時期就投入廣告行銷資源，第一次投入獲得了超出想像的效益。當然此時若能有清楚的品牌定位，就更能及早在通路佔有位子。可是通路一旦

第1堂 策略目標

第2堂 品牌創建

第3堂 業務分工

第4堂 採發管理

第5堂 財務利潤

第6堂 留才組織

第7堂 創新研發

第8堂 關係管理

進入成熟期，投入成本不但增加，競爭者也眾，品牌沒有突出定位，很容易就被淹沒，Bc設計公司就是如此，來不及思考品牌定位，更沒有想過過於依賴單一行銷通路，可能會發生的問題。以至於當通路進入成熟期，案源開始變少，恐慌之下更聽信業務的話，以為加碼廣告行銷費用就能解決，才會導致財務危機。但並不是每個通路都會進入衰退期，還是決定於行銷通路有沒有持續創新，但通路若已明顯進入此時期，建議也不用再投入任何行銷資源了。

策略3. 檢視通路效益分配資源：通路策略並非不變的，尤其是在科技發展如此快速的當代，因為消費者獲得資訊及溝通的管道，會隨著數位工具而轉移。設計公司要時時尋找新興的行銷通路，並定期檢視原有通路效益，進行資源的分配。不管有沒有花費廣告行銷費用，任何投入都需要成本，而設計公司通常規模都不大，人員有限，要善用每一分資源，並記得分散通路投入的風險，千萬別重蹈Bc設計公司的覆轍。

策略4. 創造動態主題吸引圈層：通路雖然可以幫助設計公司擴散作品，受到目標顧客的關注，但要與之產生共鳴轉化成業主，需要設計公司不斷地與其溝通。所以選擇適當的行銷通路後，還有件更重要的事得做，就是創造動態主題與互動，尤其是自媒體的經營，一定要持續不間斷，才能深耕圈層。

擴大行銷通路
化被動為主動

年輕設計師創業遇到的問題都一樣，在沒有完整設計落地之前，不要說行銷通路選擇，是連要行銷的作品都沒有。本科系出身的Bd設計公司主持設計師，在完成學業後，進入南部一家設計公司。因為服務的設計公司經營者突然決定退休，剛好碰到金融海嘯加上南部設計型設計公司並不多，逼得他不得不自組設計工作室。

景氣不好，沒有作品，要如何行銷自己呢？Bd設計公司主持設計師反而找上了包工（大陸稱工長）。因南部較年長的屋主多習慣直接找包工裝潢住家，雖然找包工但仍需要透過平面圖及3D效果圖了解房子完工後的樣貌，於是Bd

設計公司主持設計師反過來成為包工的下包，承包他們的圖面設計；除此之外，他透過人脈關係，成為其它設計公司的專案設計師，就是不進入公司，只是承接設計案並負責工程落地，再拆分利潤。由於很多南部屋主也很喜歡找北部的設計公司，但北部的設計公司多無在地包工，需要有人負責深化圖的繪製並發包監工，於是乎他又成為這些北部設計公司的南部執行專案設計師。透過不同通路取得案源後，並與之協調，讓他可以在案子完工後，可以拍攝成為他行銷的作品。一點一滴的累積自己的作品，直到產出完整及足夠的設計案，他才回到一般常見的室內設計行銷通路來行銷。

就這樣從一個人，沒有代表作品，到10年後，公司規模超過10人，公司作品也累積了近百件，還陸續得了很多設計大賽的獎項，最重要年營業額也破億，現已是南部頗具知名度的設計公司。Bd設計公司主持設計師確實打破我的想像，而這種為累積作品先蹲後跳的精神，比只會自怨自艾，老是埋怨自己運氣不好，沒有遇到好業主的設計師，更值得鼓勵。

2-3. 作品和產品的選擇
懂得推掉案子才能賺到錢

在國外取得設計學位後，Be設計公司主持設計師先是進入一家知名設計公司擔任設計師，卻因為家人投入餐飲業而將創業時程提前。擅長混材設計的他創造出獨特質感，果然讓餐廳成為當地指標，也為他拿下國內外的室內設計大獎，讓他迅速地嶄露頭角，於是成立工作室開始接案。初接案時，Be設計公司主持設計師幾乎沒在思考時間、成本、毛利、淨利等營運問題，完全以產出設計作品為目標，但也因為工作室只有自己，所以相對也沒什麼經營壓力，雖然到年終結算時，發現也沒什麼賺到什麼錢，偶而還會賠錢，家人仍然非常支持他，做自己想做的設計。

隨著新作品持續的發表，Be設計公司主持設計師很快就成為指標新銳設計師。隨著案量逐漸增多，Be設計公司從個人工作室，擴編成為小型設計公司。隨著人員增加，每個月面對管銷費用，Be設計公司主持設計師逐漸感受到經營壓力。由於不斷有案子進來，戶頭現金始終在流動，讓Be設計公司主持設計師無暇思考公司的財務狀況，直到他決定結婚要辦婚禮，才赫然發現自己根本沒有存款，原來過去幾年公司根本沒獲利，Be設計公司主持設計師這才正視自己的經營應該出現問題。

由於從不挑案，任何預算都願意嘗試，雖然因此作品有著多元性，但即使發現業主理念與自己不合，或明知利潤有限的案子，仍然硬接下來，最後結果不是設計進行一半就喊停，就是得犧牲毛利實現設計的想法；除此之外，找來業主大多希望能延續Be設計公司既有作品的設計元素或風格，但他卻認為既然是作品，就不應該重複設計元素，所以每次設計都是新嘗試，實驗所付出的代價就是不斷拆除重作，不只施工成本大大增加，尾款還常因此收不回，日後維修保固費用更高。公司的設計師更只是協助他完成設計，組織擴編反而成為負擔。

於是便協助他做好公司定位，並告知他很多業主都是因為他發表過的作品設計而來，而且創新設計通常付出的成本也較高，適當地將業主分

類，選擇性挑選案子創新，一樣可以產出作品並獲得應有的利潤。聽從了意見，調整了接案的方式，公司營運總算走上正軌，過沒幾年不只買了辦公室，每隔一段時間，就會有作品發表，至今，仍是許多設計大賽的常勝軍。

四大產品策略，立市場於不敗

室內設計不同於一般製造業，販賣的是創意智慧，設計師所設計的落地空間，就如同其所產的產品，是用來吸引下一個業主的利器，這也是為何最能行銷設計師的，永遠是所設計作品的原因。對於剛出來創業的設計師，總是期待能遇到好業主，可以給予設計及預算的空間，讓他們能一展身手，設計出一鳴驚人的作品。當然設計圈不乏像Be設計公司主持設計師，起手的第一個案子，就可以不用太在意預算及時間做出好作品，但絕大多數的設計師，還是得從零開始的。但即便是Be設計公司主持設計師，第一件作品有家人支持，在關係用盡後，還是得回到作品行銷。多數剛創業的設計師，不只不懂也無法拒絕找上門的業主，因為任何案子只要業主願意讓他設計，都代表著成就作品的機會很難取捨放棄。只是並不是每個案子都有相對應的預算，及真正理解設計價值的業主，若只想著成就作品，很容易就看不到應守及應得的毛利，Be設計公司主持設計師就是如此，所以在個人工作室時期，幾乎是沒賺錢甚至偶爾還會賠錢，不過也是因為如此，他才能不斷有好作品產出，在圈內立下江湖地位。

設計公司在發展階段中都會遇到不同的問題，每個階段要解決的問題及發展重點都不同。在個人工作室或是小型設計公司階段，重心應放在累積作品，並適時參加競賽提高知名度及曝光度，同時多方嘗試尋求品牌定位，此時，適度地犧牲利潤來實現設計是有其必要。一旦進入公司組織，就必須從設計導向走向管理導向，要有產品策略的思考，既要有作品持續創新，維持品牌能見度，又要建立模板化概念，量產設計獲利，

第 1 堂 策略目標

第 2 堂 品牌創建

第 3 堂 業務分工

第 4 堂 採發管理

第 5 堂 財務利潤

第 6 堂 留才組織

第 7 堂 創新研發

第 8 堂 關係管理

才能讓公司穩健的持續成長。設計公司要如何思考產品策略呢？四大產品策略提供：

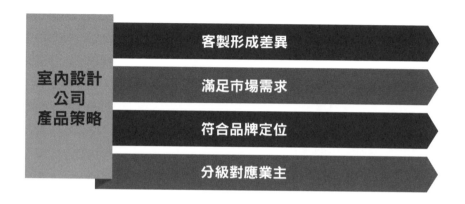

策略1. 客製形成差異：室內設計本是客製產品，理應差異性要很大，但受數位的影響，加上產業進入成熟期，室內設計不但走向均質化，設計公司更如雨後春筍般成立，若所設計的空間或所提供的服務，沒有鮮明的特色，是很難讓人辨識的。Be設計公司主持設計師能這麼快就受到注意，在於他擅長用混材概念，透過不同材質的混搭客製出獨特個性，與當時其它設計師形成差異化。但客製雖可以形成差異化，卻是非常容易被模仿，選擇這樣的產品策略，必須要不斷地投入創新，相對成本較高，這也是Be設計公司為何毛利始終偏低的原因。但若能縮小範圍聚焦區隔市場，找出此市場與其它人的差異化，並策略性客製創新，將更有效益。

策略2. 滿足市場需求：多數消費者購買產品時，並非只是為了擁有該產品實體，而是為了滿足自身需求和取得最大利益，同樣地屋主在尋求設計師協助，也是如此，所以能充分回應並滿足屋主需求及期待的設計，自然能為設計師帶來案源。滿足市場需求也是一種產品策略，選擇

這樣產品策略的設計公司，必須對於市場趨勢變化要有相當的敏銳度並能精準掌控。但要如何探尋市場多數屋主需求呢？數位時代的來臨，對室內設計師最大的紅利，就是可以透過數據的分析，找到多數消費者的期待及需求。運用數位工具，像是Google趨勢Google Trends關鍵字的搜尋，及網路爬蟲import i.o.的爬文了解消費者的討論內容，去推敲市場趨勢，並以此作為產品定位，做出對應的形式或風格的設計。

策略3. 符合品牌定位：室內設計依市場狀態分為住宅空間、公共空間、工作空間、零售空間，休閒空間等五大類型，每一種類型下細分的項目繁多，且都各有其專業及市場。而室內設計是腦力及勞力密集的產業，即便是股票上市的大型設計公司，都必須依其品牌定位選擇目標市場，更何況是中小型的室內設計公司，在思考產品策略時，更應以品牌定位為主要考量，斷、捨、離不符合品牌定位產品，聚焦並策略性行銷符合品牌定位的設計，不只有助於公司建立品牌，更能獲利。

策略4. 分級對應業主：創新雖是設計公司不斷前進的動力，卻不適用於所有客戶，若客戶不理解或無法體會創新設計所帶來的獨特性或效益，成本增加事小，不小心還可能對公司經營造成危機，像Be設計公司就曾因創新設計嘗試使用新材質及工法，做了又拆，拆了又做，導致交期拖延了半年，最後被業主扣尾款，還差點被告上法院，雖然這作品為他拿下國內外不少獎項，但付出的代價也不小。空間設計雖是客製產品，很多機能及設計手法、元素或材質，卻是可被模組通用的，而業主選擇設計師多是因為其所設計過的作品，喜歡其中的設計或風格才找上門。但多數設計師面對新業主，尤其是新創業的設計師，都會想要創新做出作品，但這不只要花力氣說服業主接受創新設計增加時間成本，還得因嘗試新的設計而耗損了毛利，若最後結果業主可接受也滿意也就算了，最怕是業主不喜歡有意見，日後甚至還得負擔創新嘗試所衍生的維修成本，而這也是造成Be設計公司初期案源始終不絕卻無法獲利的主因。創新的好設計一定是要有能對應的好業主才能成就的，當公司進入組織化，產品策略就要從設計導向管理。建議依業主對設計的接受度、

第1堂 策略目標
第2堂 品牌創建
第3堂 業務分工
第4堂 採發管理
第5堂 財務利潤
第6堂 留才組織
第7堂 創新研發
第8堂 關係管理

理解力及其所能負擔的預算做分級，A級業主若能有A級預算、那絕對有
機會做出好作品；若業主雖有A級預算卻是C級的設計認知，就做好產
品，既可保住獲利又滿足業主需求；但若是A級業主卻只有B或C預算，
那就要思考犧牲毛利而得來的作品，能為公司帶來什麼收益。Be設計公
司主持設計師就是在聽取建議後，調整了接案的方式，公司營運才走上
正軌並持續創新。

	A	B	C
業主預算			
設計認知			
業主層級			

成就作品心切
就只能被壓榨

室內設計師最缺的，其實不是案源，而是能成就作品的業主，能夠接受創新的設計又有相對應的預算，才有機會做出作品來。還是那句老話，設計師最好的行銷，永遠是自己的作品，尤其是剛出來創業的設計師，但好業主真的難尋，老實說這需要機運。於是很多急著產出作品的設計師，在還無法分辨業主類型及性格，便急著自砍毛利來完成他認為的作品。

Bf設計公司主持設計師是因獲獎而邀案，才有機會與其深聊，一聊才發現原來創業已3、4年的Bf設計公司營運獲利狀況並不佳。主持設計師滿腹委屈地表示，不知為何一直遇到不良業主。就拿剛獲獎的住宅案來說吧，業主堅持房子地板還很新不肯換，並頻頻哭窮。可是就差這地板更新，作品才能完整，Bf設計公司的主持設計師只好自掏腰包拿錢出來幫業主換新的地板，果然不負所望獲獎了，但新屋落成業主竟新購了演奏型鋼琴搬進去，這下換他傻眼了。原來業主不是沒錢，而是不想為了成就設計師作品而負擔這費用，而且這還不是唯一案例，那些業主明明都有預算，卻老是犧牲他們的毛利來換取設計。

聽完後忍不住語重心長地提醒Bf設計公司主持設計師，設計師若急著成就作品，而忽略業主的感受，很容易就露出破綻。若業主能認同創新設計所帶來的價值，多半還會願意付出代價，但很多業主是不理解，甚至是理解了，卻不想負擔創新的代價，一旦被看穿，就很容易變成業主談判的籌碼，設計師若無法調整心態，就只能成為俎上肉，任由業主壓榨囉。所以不管成就作品的心有多急切，都應該對應到適合的業主，拿出A級設計對應C級業主，不只可惜也不一定能有圓滿的結果啊！

2-4. 設計費不是用喊的
定價有策略才不會被比價

室內設計師主要來自建築、產品等泛設計或是藝術或是工程等領域，由於進入門檻不算太高，也常有其它行業的人轉職進入，雖是如此，要在行業內混出名堂，還是要有相當的天分及熱情。第一次看到Bg設計公司的作品是在室內設計比賽，這也是我第一次擔任室內設計比賽的評審，本以為Bg設計公司主持設計師應該出身本科，後來才知道他竟然是從資訊領域轉職進入。因為對室內設計的熱情及執著，讓Bg設計公司主持設計師即便唸了電子工程也順利到竹科服務擔任工程師，但在存足了錢後，還是毫不猶豫辭去工作轉進室內設計。

剛創業成立工作室時，毫無人脈案源只好上免費裝潢平台跟工班競標，直到有機會完成一件完整的作品才敢收設計費。在看了各平台設計公司的收費，考量到自己在市場的競爭力，只敢從一坪新台幣3,000元設計費收起，說是新台幣3,000元一坪，有時還得自動打折才有屋主願意委託設計，而且屋主一通電話就到場量工地，也因此常常被騙圖，畫完平面圖後就再也沒有接到屋主的電話。雖是如此，他依然堅持收設計費，直到案源穩定有了作品，又參加了設計比賽拓展了知名度，並計畫性地投入廣告行銷，公司經營才逐漸步上軌道。

當上門尋求設計的屋主變得愈來愈多，考量到人事成本，必須適當地篩選來客，於是在公司成立3年後，第一次調漲了價格。在探詢其它規模差不多的設計公司同業後，決定設計費從新台幣3,000元／坪，提高至新台幣6,000元／坪，而且丈量也要收費新台幣5,000元，並提供丈量後的空間圖，若有確認合作就轉為設計費。而願意接受丈量費的屋主，成交的機率也變高。其實設計費的調漲，順勢也將客戶做篩選，願意接受的，裝潢總價相對也較高，案量雖變少，但總體業績反而成長。

在開業第10年，Bg設計公司再一次決定調漲價格。這一次想調整至新台幣10,000元／坪。想調整的原因，除了因來客數變多，在不想擴張公

司組織，勢必要以價制量外，也想要提高客層總價。但要調價一定要有對應的高度及服務，於是將公司搬遷至市中心豪宅精華區，並重新建立公司標準化作業，從服務流程、設計細節、工程收邊到軟裝陳設全面提升。當然不可避免的，必須再經過陣痛期，但這次Bg設計公司主持設計師很有信心，一定可以挺過再往前進。

3 種定價策略跳脫比價命運

《漂亮家居》創刊前，一般消費者是分不清楚室內設計師和包工的差別，也不認為設計有什麼價值，特別是家裝住宅市場，這也是為何早期台灣室內設計師非得接工程的原因，因為所有利潤都隱含在工程裡。但設計是有價值的啊，設計不只解決了空間問題，還提升了空間的坪效，更展現了空間的美感，為何不能收設計費呢？從創刊就主張設計付費的觀念，記得剛開始跟幾位設計師提及應該要收設計費，還有設計師用不可置信的眼神看著我說，「不可能有屋主要為設計付費的啦。」但不收設計費，設計師和跟包工有什麼不同呢？

為了建立付設計費的觀念及制度，《漂亮家居》不只要教導消費者分辨設計師和包工服務的差異，教育消費者設計的價值及付費的必須，還得強化設計師收費的信心，並協助建立收設計費應付出的服務，不能只是拿著一張平面圖就收設計費，還要包含立面、管線、櫃體等圖。同時致力市場的透明化，公開從設計到施工、完工、驗收、保固、售後服務等應有的流程，還有建材、工班的計價方式及工法的執行方式，因為唯有透明才能消除消費者的疑慮，才能真正理解設計的價值。當然這一路也受到不少設計師挑戰，認為就是因為市場過於透明化，降低了工程毛利獲利空間。但利弊得失之間很難論定，就曾有設計師很感激地提到，謝謝《漂亮家居》建立設計付費的觀念，因為相較於工程毛利的浮動（不小心就可能賠錢），設計費反而穩定了整體收益並守住應有的利潤。

第1堂 策略目標　第2堂 品牌創建　第3堂 業務分工　第4堂 採發管理　第5堂 財務利潤　第6堂 留才組織　第7堂 創新研發　第8堂 關係管理

但設計費該如何計價呢？多少錢才算合理呢？這20年來也不斷有讀者提問，設計費不像工程、建材有其市場行情，設計費決定於屋主對設計師認同的價值感，我常說有的設計師要付他新台幣3,000元／坪都嫌貴，但有的設計師付了新台幣10,000元／坪，還會覺得自己賺到呢！那設計師又要如何來定價呢？如何定價才能跳脫不斷被比價的定調軌道呢？三種定價策略提供。

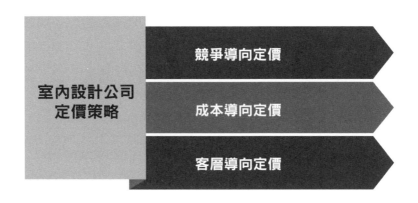

策略1. 競爭導向定價：設計公司剛成立時，作品的累積及曝光是最重要的，除非一開始就有穩定案源，不用擔心被比價拿不到案子，否則都要先了解市場上同級或競爭對手，要研究其所提供的設計及服務價值，再依據自身競爭力來定價。尤其是現在室內設計市場明顯供過於求，個人工作室如雨後春筍般遍地開花，在完全競爭的市場下，是很難期待消費者了解其實力，隨行就市的定價方式，採取平均行情定價，是可以避免因價格競爭而造成損失。像Bg設計公司一開始就先去了解各平台設計公司收費標準，再定出一般行情價新台幣3,000元／坪的設計費。

策略2. 成本導向定價：絕大多數的產業都是依成本再加上預期利潤來定出價格，但室內設計是很特殊的產業「買空賣空」，並不需要支出商品的成本，最大的成本就是設計師的時間及腦力。當上門求助設計的人多，而公司組織人員有限，那設計師所花的單位時間及腦力成本就增加，若以加人來解決，反而會造成邊際成本的提高，接越多獲利就越低。這也是Bg設計公司為何在案量大增時，非得調整設計費不可的原因，以價制量才能在這中間取得平衡。

策略3. 客層導向定價：就如前言所說，設計費決定於屋主對設計師認同的價值感，以及消費者對於設計價值的主觀評判，設計師必須要懂得如何將所提供的設計服務，運用營銷策略和手段，來影響消費者對於設計價值的認知。而依需求提供差異也可以影響消費者的定價，這重點在於有沒有真正理解消費者的需求。當Bg設計公司決定將設計費調整至新台幣10,000元／坪，所對應的客層必然對於室內設計公司所在區域及服務流程、設計細節、工程收邊到軟裝陳設更為講究，這也是為何他們在調價前，必須先從巷內搬至市中心精華區，並建立標準化作業的原因。

第1堂 策略目標

第2堂 品牌創建

第3堂 業務分工

第4堂 採發管理

第5堂 財務利潤

第6堂 留才組織

第7堂 創新研發

第8堂 關係管理

寶姐經營共學

設計師的職場
起始點

職場的起始點真的很重要，室內設計師也是一樣的。第一次知道Bh設計公司主持設計師是在業界頗重量級的室內設計大賽頒獎典禮，才剛創業就拿下其中一項重要獎項，爾後的每一年比賽他也幾乎都拿獎，而且拿獎案子的空間尺度都屬豪宅級的。本以為他出身哪家大設計公司底下的子公司，打聽一下才知道這公司是他創立，而且才新創不到兩年，這就讓人感到更好奇了。一般室內設計師創業都是從零開始的，所以剛創業接的多半是尺度較小空間設計案，除

非出身特殊才能華麗出場。可是Bh設計公司主持設計師出身一般家庭，為什麼能有機運接到大案呢？內心對此感到非常好奇，但因為一直沒有機會與其有更進一步的接觸，也只能存疑於心，直到兩年前終有機會深談。

Bh設計公司主持設計師雖非出身於專業空間設計，但因有著極高的設計天份，一畢業就進入一家專作豪宅設計的設計公司擔任助理設計師，並快速地在一年內就升至設計師。爾後又被業界另一家指標設計公司招攬成為主案設計師，所服務的客層也都以豪宅為主。原本沒有計畫的開業的他，卻因為在工作轉換過程中，在第一家設計公司服務的豪宅屋主來找他協助調整自宅的設計。原來屋主因為工程不大，不好意思找原來公司才請他幫忙。而他在評估空間後，反而建議屋主重新設計規劃，也獲得屋主的支持，為了做好設計只好先放棄工作，由於施工時間長達半年，完工後也就順勢成立公司。而這案子也就成為公司的創業作並拿下國內外大獎，因為是豪宅，設計費自然也不會太便宜，才創業設計費就收到新台幣8,000元／坪，而吸引來的業主也都是高單的豪宅，就這樣沒兩年設計費就調漲到新台幣12,000元／坪，可見起始點有多重要。

康老師談「品牌與行銷」

行銷管理一直是策略執行的起點，在執行行銷活動之前更重要的觀念就是釐清STP，也就是市場區隔（Segmentation）、目標市場（Targeting）與定位（Positioning）。行銷思維是市場導向的，尤其需要認清廣大的市場。認識市場應該如何分類或區隔開始，進一步從區隔市場中分類與聚焦於特定的市場分眾，並更近一步審視自我條件而作出廠商專屬的定位，而這一連串的思考正是需要透過策略目標來釐清並加以取捨。

品牌與行銷是相輔相成，品牌是一個企業整體的價值主張。至於企業品牌的價值主張，當然與公司的策略有關，例如：同樣是品牌管理，究竟是要做一個B端品牌或是C端品牌，牽動目標市場的選擇與經營重點，進而影響通路的設計與規劃、媒體預算的分配、服務的廣度、甚至定價策略。

行銷功能的執行面簡稱為4P，也就是產品定位（Product）、行銷通路（Place）、價格政策（Price）、以及推廣宣傳（Promotion），本書有豐富的案例介紹可參考。更進一步看，行銷策略要解決的基本問題是「交易」或「交換」問題。也就是說，行銷功能要協助解決市場中消費者、客戶、供應商、製造商之間交易時可預見的障礙。室內設計產業的獨特之處在於創意設計、美感品味、創新能力、或是創意與服務品質等，買賣雙方都有相當高的資訊不對稱關係，需

要從其他周邊訊號來判斷產品或服務的特徵或品質。面對難以衡量交易標的之品質或是不確定性高之交易問題，都需要透過上述的行銷功能4P來解決。

本書提到非常有用的4P策略原則：

1. **通路策略**，依照品牌策略選擇通路，將資源（預算）聚焦在傳統通路或是新興通路。透過通路取得案源，借力使力進而累積出自己的作品。

2. **宣傳策略**，最好的促銷就是產品或服務本身，善用各種媒體來輔助宣傳策略，不過重點仍是要解決市場交易的資訊不對稱、品質預期與判斷等問題。

3. **產品策略**，例如：透過設計元素的分類，形成產品組合。主力商品為公司獲利的來源，要掌握銷售比例與成本控制。互補商品則可以成為配角，彰顯主力商品的價值。至於策略性的商品，可以視公司策略目標嘗試創新的設計，或是當成參賽作品吸引市場注意力等，而稍微犧牲獲利。

4. **定價策略**，例如：競爭導向定價、成本導向定價、客層導向定價。看起來雖是都是跟數字有關，但是價格最終仍須反應產品或服務的價值，同時也是反應其商品與服務品質的一種訊號效果。

第3堂 業務型態與分工
設計要能落地才有價值和效益

室內設計業跟傳統製造業最大不同，在於製造業必須要把東西生產出來，並銷售出去，才能獲利；而室內設計卻只要把設計「生」出來，並有人願意買單，就有進帳。但**即便是概念、方案做得再好再有創意，3D效果圖畫得再逼真寫實，最終能為設計公司帶來行銷效益及後續案量的還是實景落地案子**，不能光只是「紙上談兵」，設計是要落地才會有價值。

設計落地的方式主要與設計公司選擇的業務型態有關，而這不僅僅關係著如何落地，還牽動著公司的利潤。室內設計公司的業務型態不外為純設計型、純施工型、設計兼施工兼監管、純軟裝陳設型、純監工型、純繪圖型、純代工型及純企劃型等8種，不同型態的業務所需求的人力及專才不同，並非所有室內設計公司都可執行，主要還是視公司的專長及業務性質而定。大陸因市場規模較大，分工可細分，上述業務型態的設計公司都可依其專業而生存於市場，不過仍以**純設計及設計兼施工兼監管**為主，而台灣本地則是以設計兼施工兼監管為主，因此本章節主要就上述兩種業務型態作為討論。

3-1. 羊毛出在誰身上很重要：認清業務型態掌控利潤做好服務

3-2. 一人當責 VS. 團體作戰：集中還是分散風險選對才能成長

兩種業務型態其間所耗費的成本、費用及利潤來源也不盡相同，選擇適合的業務型態並了解其獲利環節，才能掌控好利潤並做好服務。不同的業務型態對應的組織分工方式也會有差異，**一般設計公司的組織分工不外兩種，一是一條龍式**，由設計師從設計負責到施工、完工；**二是依專業分工**，會依執行流程而有不同部門來服務，從設計到落地共同來完成。**每一種分工方式都各自有的優缺點，及其必須承擔的風險，且影響著公司在未來規模發展的選擇及管理的方式**，這都是身為經營者在開創之初必須思考的。

不同的業務型態有不同讓設計落地的方式，設計兼施工兼監管不一定比純設計更容易讓設計落地，主要關鍵還是在於設計師自身的專業程度及所面對業主的類型。室內設計公司經營**第3堂課即以「業務型態與分工」做深入分析，引導設計公司經營者選擇適合自己的經營模式，並學習讓設計落地。**

3-3. 落地設計拉抬競爭力：掌控流程關鍵兼顧利潤與口碑
康老師談「組織與分工」

第1堂 策略目標
第2堂 品牌創建
第3堂 業務分工
第4堂 採發管理
第5堂 財務利潤
第6堂 留才組織
第7堂 創新研發
第8堂 關係管理

3-1. 羊毛出在誰身上很重要
認清業務型態掌控利潤做好服務

Ca設計公司主持設計師在國外完成空間設計學業後，如願地進入大師的事務所。由於這家設計公司的業務多以商業空間設計為主，因此只接純設計案，設計師只負責概念、方案、深化、節點的圖面設計。大師事務所在業界向以設計創新力及落地實現著稱，幾年的訓練之下，不只提升了Ca設計公司主持師的設計視野及能力，更如願地晉升至主案設計師，但他也意識到公司能給予的薪資及福利都非常受限，讓他不得不選擇自己創業。

此時剛好有朋友要開店創業便委託他，只是友人不懂工程，因此希望他連同工程一起承接。由於過去專做純設計案，自然十分清楚設計收費的標準及所應付的權利義務，但對於工程收費計算卻是新的學習。朋友和他一樣都是初創業，能花在開店的裝潢費用有限，而且過去從沒報過價的他，也不知該如何計算自己的利潤，從設計到完工花了近四個月的時間。雖然最後設計的成果他和業主都很滿意，但他也發現除了他報給朋友的工程價格本來就低於市場行情外，僅有的毛利更在設計修改中耗損，而設計費在攤回所花費的時間，等於是做白工，還好是工作室消耗的只是他個人的時間成本，還沒有人事管銷成本的支出！

經過第一個案子的震撼教育，讓Ca設計公司主持師意識到，即便同樣做純設計案，大師事務所所面對的商業空間設計業主多為企業組織是有能力自行發包工程，設計師只要掌握好節點，設計自然能落地；而且大師事務所不只設計費高且案量也穩定，選擇純設計的業務型態經營是沒有問題。但他所接觸的多為新創業主，工程多得依賴設計師才能完成，而為了擴展接案量，他也無法挑案，住宅設計又較於商空設計更需要設計師解決工程問題。當然更重要是設計一定要能落地，因為對於新創設計公司來說，作品的完整度還是非常重要。

在了解純設計與設計兼施工兼監管不同業務型態的獲利環節，Ca設計公司主持設計師重新梳理了自己的經營策略，選擇以設計兼施工兼監管重在發包、流程及工程管理業務型態。他除了建立工班及報價資料庫，同時將流程化為SOP便於掌控，並強化工程管理能力。不但很快就從個人工作室成長至小型設計公司，其作品的落地性也讓他獲獎無數，成為產業頗受關注的新銳設計公司。

室內設計公司業務型態與利潤關鍵

相較於其它設計產業，室內設計公司不只創業門檻不高，而且還不容易倒。除了因為付了費用才開始生產設計的「買空賣空」商業特質，不需要太高的創業成本外，只要設計公司還能持續有案量進來就有收入，即便工程費有拖欠，多數合作廠商工班仍會願意相挺協助度過難關（蓄意詐欺不在討論之列），而這前提當然是設計公司本身要有相當的誠信。雖是如此，創立設計公司的目的仍在於永續經營及獲利，而非以不倒閉為目標！且從成就好作品的觀點來看，公司也要有一定的底氣及案量，才能跳脫被業主挑選的命運，有機會做出好作品。

不管選擇什麼樣的業務型態，設計都一定要落地才有價值，這價值包含「名」和「利」，「名」跟持續創新有關，這在後面章節「設計的持續研發：創新不只靠天分還要有策略」會做深入探討，在本章節將從「利」來討論業務型態及分工與設計落地的關係。設計公司的業務型態關係著設計落地的方式，並影響公司的獲利模式。雖然當前室內設計公司的業務型態包含純設計、純施工、設計兼施工兼監管、純監工、純繪圖、純代工、純企劃及軟裝陳設等等，但絕大多數設計公司仍以純設計及設計兼施工兼監管等為主要業務型態。台灣過去只有執行B型企業組織地產建商的室內設計公司，才有附屬在設計部的軟裝陳設業務，近年來因對於軟裝陳設的重視，部分室內設計公司也將軟裝陳設業務獨立並收費，至於大陸的裝軟陳設則早已獨立於設計公司。

第1堂 策略目標　第2堂 品牌創建　第3堂 業務分工　第4堂 採發管理　第5堂 財務利潤　第6堂 留才組織　第7堂 創新研發　第8堂 關係管理

其實從分工來看，設計與工程是兩種不同的專業本應分流，在國外較少有室內設計公司會承包工程業務。台灣因室內設計產業發展較晚，於1970年代建立了專業門檻，工裝設計市場才有設計付費的觀念，家裝設計市場則至1980年才形成。早期在消費者普遍還無法理解設計價值的狀態下，多數室內設計公司都必須藉由工程執行來獲利，於是造就台灣室內設計公司，尤其是以住宅設計為主要案源的公司，選擇設計兼施工兼監管的業務型態，以一條龍模式執行。

爾後，雖然消費者已知要付設計費，但對於家裝設計市場的業主，工程執行仍有其難度，必須仰賴設計師專業。加上設計若要完全落地，設計公司掌控絕對比業主自行發包來得到位，且以總營業額來看，承包工程的金額必然高於純設計收費。由於台灣室內設計公司多以家裝設計為立基，因此多數設計公司仍選擇設計兼施工兼監管的業務型態。而原本設計及施工分流的大陸，這幾年隨著其家裝設計市場的快速成長，許多以家裝設計為主要業務的設計公司，也開始學習台灣一條龍的業務型態，從純設計走向設計兼施工兼監管。

由於純設計及設計兼施工兼監管仍是室內設計公司常見的業務型態，因此本章節也將就這兩種業務型態來討論。當然不同型態的業務所需求的人力及專才不同，其間所耗費的成本、費用及利潤來源不盡相同。選擇適合的業務型態並了解其獲利環節，才能掌控好利潤並做好服務。

純設計重在時間人力管理及管銷控制：純設計業務型態的設計公司其營業收益主要來自於設計費及監管費。純設計公司的主要工作包含現場勘景→概念發想→方案提出→效果圖說明→工程深化圖→工程節點圖等圖面設計。完成圖面設計後，還需協助業主跟施工方進行設計圖說，尤其要特別說明節點。進入施工期後，現場交底、硬體完工、施工中期、完工驗收等四大環節，設計師也都需要到場確認。但並不是所有設計公司都適合選擇純設計業務（尤其是對營業收入有追求的設計公司），必須有其條件才能立足於市場：

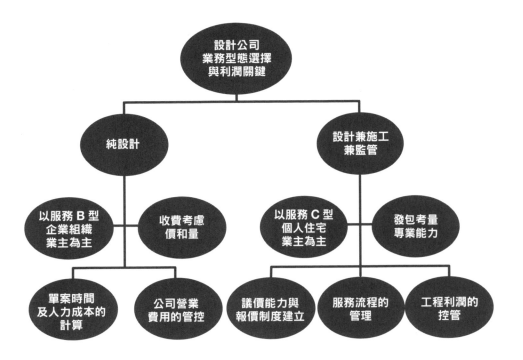

第1堂 策略目標

第2堂 品牌創建

第3堂 業務分工

第4堂 採發管理

第5堂 財務利潤

第6堂 留才組織

第7堂 創新研發

第8堂 關係管理

一・業務性質以服務B型企業組織的商業空間設計業主為主最優：除了因為業主多有自行發包及監管的能力外，這類型空間一旦進入施工，在時間即是成本的壓力下，不論在人員的調度或是速度上都必須要精準到位，這對於組織規模多偏向中小型的室內設計公司而言也較難負荷，不接施工反而可減少耗損。像Ca設計公司主持設計師原工作的大師事務所，主要是以商業空間設計為主，且來的業主都是企業組織，並不需要設計師介入管理工程。可是當他自行創業時，雖一樣是設計商業空間，業主卻尚未形成企業組織，在工程上仍需依賴設計師發包監管，由於設計兼施工兼監管的利潤來自於報價及工程管控，若無能力掌控，利潤自然會耗損。

二・公司獲利決定於「價」與「量」：若要依賴設計費為主要公司獲利來源，設計費必須要一定的價格，而且所有承接的案子也要有一定面積，若坪數太小，費用再高也不一定合算。有關設計公司的設計費定價

策略在2-4「設計費不是用喊的：定價有策略才不會被比價」已討論。以Ca設計公司為例，因初創業沒有代表性作品，設計費很難喊高，加上坪數也不大，若要以設計費為主要營收，經營勢必會較辛苦。當然設計費並非固定，是跟隨設計師的知名度及接案量而變動，若想以接純設計作為主要業務型態，在品牌的經營尤其是行業內品牌必須要更為著力，有關於品牌經營請參考2-1「好品牌不只帶客來：降低交易成本並提升價值」。

公司淨利計算公式：收入－成本－費用－營業所得稅＝淨利。純設計公司利潤計算除了要扣除主要的單案人力及業務執行成本之外，必須要再扣除公司營業費用包含租金、水電、雜支等分攤及營業稅才是淨利所得，現一般純設計公司的稅後淨利可落在15～20％。對純設計公司而言，時間和人力就是最大成本，一旦時間拉長，單案人力成本及衍生的費用都會提高，所以純設計公司若要提高淨利，不只公司人力配置要更為精準，還得透過單案時間管理、業務執行成本（有關本案的所有人力及費用支出都算成本包含出圖、差旅費等等），以及公司營業費用的降低才能達成。

設計兼施工兼監管重在發包、流程及工程管理：不同於純設計的業務型態，設計兼施工兼監管的獲利雖除了設計費、監管費外，還包含工程利潤（包含施工及設備）。雖因營業收入含工程費用而高於純設計型的設計公司，但其實相較於純設計，毛利是較低的，一般稅後淨利在6～15％。不只獲利風險較高，且因服務周期長（售後服務）其所隱藏的成本也較高，相對要求設計的實現落地性掌控度也高。但並不是所有設計公司都適合選擇設計兼施工兼監管的業務型態，尤其在台灣即便是本科畢業的設計師一旦出了校園，連施工深化圖的繪製都必須重新調整。主要是因每家公司圖面繪製的規格標準不同，更不要說工程管理，是需要經驗的累積及判斷。雖說多數設計公司都選擇一條龍式的業務型態，可是要想把收益極大化，還是有其必須要的條件：

一・主要業務型態為服務C型個人住宅業主一定要連同施工及監管：設計只是C型個人住宅業主最需要被解決的問題之一，對於沒有專業能力

且時間有限的業主，最難且最需要的其實是讓設計落地，這才是他們真正困擾的問題。對於主要業務來自於C型個人住宅業主的設計公司而言，設計要連同施工及監管對業主才有價值，且最易與業主連結建立客戶關係，有助於舊客戶的經營。

二・發包及專業監管能力左右公司利潤：選擇這類業務型態的設計公司，其獲利除了固定的設計費及監管費外，其餘來自於變動的工程利潤，為何說是變動主要是因為這與設計師專業能力有關。Ca設計公司的主持設計師在前一家設計事務所主要工作以純設計為主，雖然對於工程並非完全不理解，但顯然專業程度不足，不只報價有問題連同工程管控都有狀況。爾後，在了解獲利環節，建立工班及報價資料庫，同時將流程化為SOP便於掌控，並強化工程管理能力，公司經營才真正步入軌道。

室內裝修工程既繁且瑣，工程價格看似有行情，但其實是依設計公司的專業及議價能力而有所落差。如何提升與工班廠商的議價能力，除了工程專業外，足夠而穩定的案量及信任且體貼的付款都是，而榮譽共同體的建立也有助於議價，畢竟好設計一定要有好工程才能落地啊，工程隊也需要成就感的激勵。不只對工班、廠商需要議價能力，對業主也一樣要具備，而這主要與品牌力有關，還有報價制度的建立（將於第4堂採發與專案管理討論）。此外，流程控制也會影響利潤，流程一旦發生問題，就會造成拖工增加成本，且還可能因此而衍生法律罰款等問題；而工程在進行中，突發狀況更是難以預料，若對材質及工法沒有相當的專業，不要說創新設計會耗損毛利，連一般工程都可能因為專業不足影響到利潤。像Ca設計公司主持設計師創業前的經驗主要在於純設計，雖然也有協助業主發包，但對於發包工班團隊的建立與工班的議價能力都必須重新學習，就更不要說對外報價了。現在裝潢市場已非常透明，消費者要查價並不困難，價格報不高可能會虧錢，報太高又會失去市場競爭力，要如何在毛利與競爭力取得平衡都是設計公司經營者必須面對的課題。

#寶姐經營共學

羊有時候
不只有羊毛

多數設計師不管是往來的對象及關心的議題都還是以設計為主（刷刷設計師個人Facebook及朋友圈就知道）。對於圈層以外的人、事、物，較少主動碰觸，相對於其它領域其實是很封閉的。也因為這樣的特質，設計師大多專注於室內設計的本業，經營公司的模式就是規模由小變大，人從少變多，很少會跳出室內設計去思考擴張事業的可能。只有少數（極少數）將事業延伸至產業上下游做垂直整合的經營，同時提供材質、設備、傢具及傢飾等製造或採購的服務；至於透過設計為核心將事業做水平擴張，進入其它領域的，不用說更是少見。

初認識Cb設計公司主持設計師，他才跟合夥人成立個人工作室，隨著家裝設計市場的快速成長，公司很快就擴張成為近20人的中型設計公司，他和合夥人認為應該要分散風險，多方接觸各種公共空間、商空、住家案。當原本服務的住宅設計業主想創業成立餐廳，對他提出以餐廳設計作為技術入股的邀請時，他只思考兩天便答應投入。其實在那之前他已承接不少餐廳設計的委託，因此對於餐飲市場的變化，有著一定的敏銳度，此時也正值台灣餐飲新貴的熱潮，在評估所經營的餐飲品項及地點後，毅然決定投入，反正最壞的結果，就是收不到設計裝潢費用。沒想到餐廳一開幕就成為排隊名店，很快就受邀至各大百貨賣場設點，爾後他又跟餐飲合夥人成立集團引入不少異國餐飲品牌，意外的從設計師變身餐飲大亨！

哈！說這故事不是要設計師不顧本業或隨便投資，Cb設計公司主持設計師會投入餐飲產業，也是因為餐飲空間設計，訓練自己對市場觀察才做出判斷。重點不在於業外投資啦，而是不要只專注於設計，有時候羊不只有羊毛可取，只能賺設計裝潢費，還有其它的可能，但重點還是回到專業喔。

3-2. 一人當責 VS. 團體作戰
集中還是分散風險選對才能成長

大學畢業後才進入大學進修推廣部從基本設計開始學起，Cc設計公司主持設計師結束學習後又到老師的公司實習並工作，在工作幾年後，他也選擇自立門戶接案。初期都以周遭的親友關係案為主，從設計到施工一條龍的完成設計。直到因緣際會地接到地產商樣品屋的設計，必須要開發票，才與當時的好友合夥成立公司。

雖然大學唸的是商學院，讓他比設計科班出身的合夥人更有經營觀念，但在組織分工上仍比照多數室內設計公司，由設計師從頭包到尾一條龍式的執行設計。因為理解行銷及財務的重要，在成立公司後，Cc設計公司主持設計師積極投入廣告行銷，案量果然大增。隨著公司迅速成長，他也發現現行一條龍式的分工模式，風險過於集中，若負責的設計師專業素質不夠或是身心有狀況，不只對業主報價或發包容易有問題，在工程流程掌控及施作也會頻頻出錯，造成公司毛利的耗損。更重要是好不容易用心栽培的員工，常常在能獨立作業時就離職，公司組織發展也隨之受限。

原本就學管理的他，認為若要讓公司成長，必須要調整現行過於依賴單人的一條龍分工模式，轉向組織分工依專業分部門打團隊戰。此提議卻遭到合夥人反對，便提出拆夥。Cc設計公司主持設計師只好從合夥變成獨資經營公司，並重新建立公司組織，依技術及項目進行分工。除了財務、行政及行銷部門外，更細分設計製圖、工程整合、陳設軟裝等部門。雖然此一調整可將風險管理分散至各部門，卻也引起公司資深設計師的反彈，認為還要花時間與其它部門溝通，無法有效率的讓設計落地，於是紛紛提出辭呈。

但Cc設計公司主持設計師深知公司若不在小型公司轉中型公司之際調整組織分工，隨著公司業務及規模持續擴大，勢必更難以執行。寧可推

掉部分業務也堅持進行組織分工，持續依部門招聘專才，公司因而轉型成功。但也因為如此，才能創造出可互相制衡又能讓設計落地的分工模式，從此，進行中的案子也不會因同事離職而無法延續或衍生問題。而隨著公司接案區域、金額及規模愈來愈大，Cc設計公司也從小型設計公司蛻變成50人的大型設計公司。

組織分工與公司成長模式

業務型態的選擇會影響設計公司的設計落地及獲利模式，組織的分工則關係著設計落地的效率、管理績效及公司未來的成長性，尤其是選擇執行設計兼施工兼監管業務的設計公司，若未能在公司成長過程中，依策略目標選擇適合的組織分工，其成長勢必會受到限制。Cc設計公司主持設計師因非設計本科出身，更能從經營角度思考公司的策略目標，在公司從小型即將變大之際，將組織分工做調整從一條龍式的分工模式調整成部門專業分工，讓同事能依其所長發揮走向團隊作戰，才能讓公司一路成長至50人的大型設計公司。任何組織分工都有其極限，也各有優缺點。組織分工並非永久不變，應隨著公司發展及環境變化而調整。只是任何變動，都必須付出代價，尤其公司規模愈大，其所付出的就愈高。設計公司必應依其策略目標來選擇適合的分工模式，並在不同階段做調整，才能達到預期的成長。因此，本章節將以一條龍式及團隊專業等兩類型組織分工進行討論，並從中歸納出其組織發展的未來性。

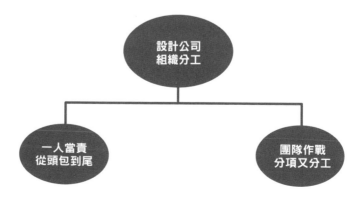

一人當責一條龍從頭包到尾：以設計公司規模來看：個人工作室通常必須身兼全職，而小型及中型室內設計公司部門則應開始分工，大型室內設計公司部門分工應最為明確。但因台灣室內設計公司規模都屬中小型，且經營者多為設計師，組織分工仍以設計為核心，且多採取一條龍式的業務執行方式，由設計師一手包辦。從商務洽談、概念發想、設計深化、發包施工、監工驗收到完工，甚至售後服務。其它非設計工程偏向行政的業務，則多附屬於經營者之下，為幕僚單位非獨立部門，一般多由其家人兼任，主要工作在於協助經營者管理。一條龍式的分工為一人當責，由設計師專案專職完成工作，管理單純只針對個人及專案，雖然管理相對靈活，不需花時間在部門間的溝通協調，但也容易因人設事，較鬆散也缺乏制衡機制防弊不易。以下將就一條龍分工方式，在大中小型設計公司不同規模階段進行探討。

小型公司圍繞設計難以分責：從個人工作室成長至小型設計公司，多數設計公司仍會採一條龍式的分工，工作採圍繞設計模式，主要仍以主持設計師為主（請見下圖）。雖設有設計師及助理等職位，但其工作重點在於服務主持設計師，協助其從設計深化到發包施工、監工驗收至設計案完成。經營者不只需肩負行銷、商務，連同報價、議價，乃至收款、售後服務都得一肩扛起，難以分責。

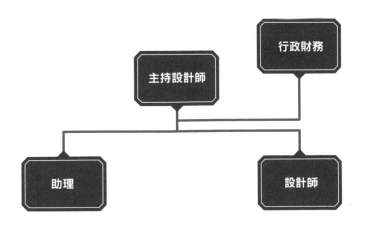

中型公司設計分流難當責：設計公司從小型跨向中型時，現有人力對公司定位及主持設計師的設計風格，有一定的熟悉程度，在面對人力擴張的此時，也是最好檢視組織分工是否要調整的時期。一般中型公司的一條龍分工模式，多是由設計師獨立作業採分流設計（請見下圖）。從商務洽談、概念發想、設計深化、發包施工、監工驗收到完工，由設計師專責完成，絕大部分公司還會委以報價、議價權責，但所有檢核責任仍需由主持設計師擔負。若經營者沒有信任的行政財務後援系統協助管控，很容易因管理不當或是人員流動造成公司利潤的損失。此外，過於專責，若無適當的留才策略，也會造成人才流失自立門戶，反而成為競爭對手。

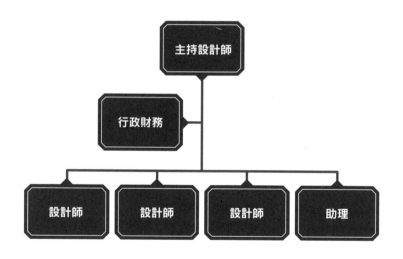

大型公司專案分流留才是關鍵：當公司必須從中型擴展至大型時，表示案源不只穩定且快速成長中，組織分工若有任何調整，都必須付出極高的代價，除非經營者明確清楚自己的經營目標及策略，否則此時仍應以原有的分工型態為主。大型公司的一條龍分工模式多走向專案分流，由主案設計師負責帶領設計團隊包含設計師及助理，從頭到尾執行專案

（請見下圖），不只在議價、報價還包含利潤掌控都有著極大的權限，如何透過財務行政及系統導入建立檢核來協助管理，是經營者必須要的面對思考。不過，此時最大問題在於留才。如何留住主案設計師在組織內，並賦予經營管理之責，能與公司利益共享，是現今大型設計公司能否再持續擴大的關鍵。

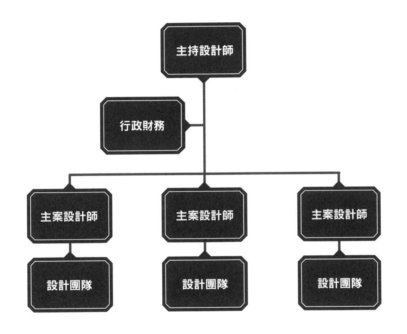

團隊作戰分項分工既合作又制衡：不同於一條龍式的一人當責從頭做到尾，團隊作戰是透過分工方式依其專長執行業務。不少初創業的設計師都認為，公司要走向團隊作戰組織一定要有規模，其實不然。除非是個人工作室，只要已進入設計公司型態都可以選擇團隊分工模式。只是相較於一條龍式的業務執行方式，這類分工的經營者在初期是必須投入較多心力來建置並磨合，對於還在追求業績及作品的初創設計公司而言，除非有經營管理能力的合夥人或是家人來協助，否則都較難在小型公司時期就走向團隊分工。但公司組織分工制度的建立猶如蓋廟，若能

把廟蓋大，讓部門制度建全，就不需要擔心和尚長大會離開，任何小和尚來都能敲鐘。這也是Cc設計公司主持設計師為何在公司即將從小型公司擴展之際，選擇將組織重新調整。此外，團隊分工模式其部門之間是既合作又制衡，只是制衡容易合作難。過於重於制衡，容易造成部門溝通無效率，需創造共同利益讓彼此合作，才能真正產生效益。就如同前言，組織分工的變動都需付出代價，經營者必須在創業之初，就清楚自己的策略目標（請見第1堂策略目標的選擇）適時調整。設計兼施工兼監管業務型態的室內設計公司，組織若為團隊分工，不外分三大部門：設計部、工務部（或稱工程）及行政部門（包括行銷、商務、財會、管理等等部門）。此乃是基礎部門，也可以視公司業務需求及規模調整。

設計項目分組垂直合作：以執行項目作為部門分工，從設計至工程乃至軟裝，適合偏重於設計的設計公司。由各項目主管帶領其團隊包含設計師及助理執行專案，行政財務為獨立部門，非只是幕僚單位。依設計案進度由各部門依其專責執行推進業務，且部門之間必須各負檢核之責，特別是在報價發包（請見第4堂採發與專案管理）。若以項目分組做為團隊組織目標（請見下圖），在公司成立之初，經營者既必須有意識的依項目尋找專才並培養人才，而非都以設計為唯一標準，才能因應組織的分工。

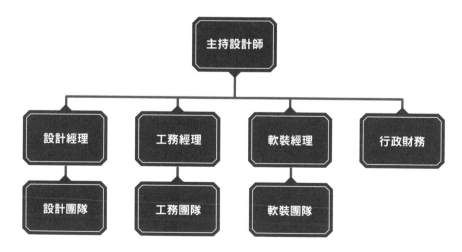

專門技術分組平行制衡：以專門技術作為部門分工（請見下圖），除了設計、工務、行政，另設採發部門，由各部門主管率領團隊執行專案。專業技術分工適合偏重工程或是工程金額高的設計公司，因工程比重及金額都高，其若為主要利潤來源，必須另設採發部門來協助採購和發包，運用平行單位的互相檢核來達到制衡的目的。由於採購發包不只要熟悉設計及工程，且對於數字要非常敏銳，這類人才不一定是設計或工程出身，重點在於會看圖並懂得計算，對於發包流程及業務都要很熟悉，多是由財務或行政轉職，經營者必須有意識去挖掘及培養。

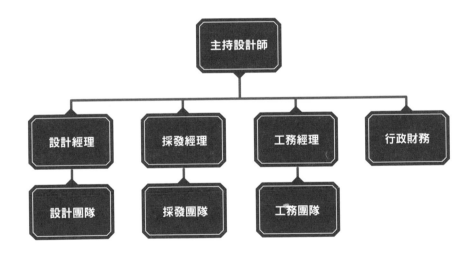

專長分工團隊競合：室內設計公司的組織分工多以設計為核心，但事實上，再好的設計能力，沒有業主委託都不能有所發揮，而設計要落地成為作品，也不可能單靠設計，幾張圖紙就可以完成，必須要有工程、軟裝、行銷、商務、採發等等單位的協作。一條龍的組織分工不容易留才，很大的原因在於組織過於以設計師為核心，但設計師是非常需要成就感及光環，組織若無法給予，流失是一定的，其它人才也常因不容易受到組織的重視及重用造成流動。但團隊組織分工不一樣（請見下圖），不管是依項目或技術分工，每個部門都是重要的，且具有競合關係，也都需要專門人員來管理。在組織持續成長時，不同專才的人都可以在組織中找到可發揮空間，並形成專業共同治理，而非全依靠經營者的管理。

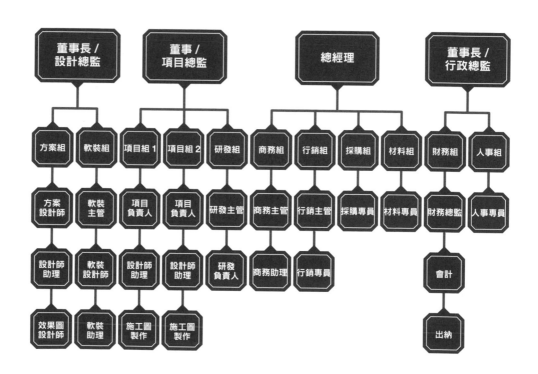

從設計、專案分流
到成立副牌

Cd設計公司主持設計師大學唸的是室內設計本科，觀察到台灣家裝設計市場正值快速成長期，便決定成立個人工作室，從概念發想、平面方案、深化發包、施工監工身兼全職，透過過去客戶的引薦接案很快就累積出作品。於是主動投放室內設計專業媒體，所刊登的作品如願帶進大量的案源。此時，室內設計競賽又興起，他積極投獎及獲獎，更讓他成為產業的品牌明星。於是公司也從個人工作室，迅速擴張成為20人的中型設計公司。雖然公司規模及人員持續擴張，但全公司的人都只是在服務他。

為了便於管理並有效率的產出，組織分工採一條龍式的分工，由他發想概念再交由設計師專案執行。就在他準備再擴大公司規模時，一手訓練的設計師卻提出辭呈，因為他發現自己做了7年資深設計師，竟然跟其它資淺設計師的差別只有薪水。於是為了留人，Cd設計公司主持設計師啟動了第一次組織調整，採取設計分流，讓設計師帶著助理一同完成專案。但過了兩年設計師仍決定離開，因為主要設計概念仍是由主持設計師發想，自己無法發揮。Cd設計公司主持設計師決定再次調整組織分工，依然選擇一條龍分工只是採取專案分流模式，由主案設計師負責帶領設計團隊包含設計師及助理完成專案，但仍止不住人才的留失。

由於Cd設計公司產業品牌響亮訓練也扎實，所培育出來的設計師日後開業也都有很好的表現，雖然因此吸引了不少優秀設計師進入，但也都留不住人才。隨著Cd設計公司進入海外市場，公司持續擴大，已經無法依靠主持設計師一人創新管理，更需要留住培育人才，雖然意識到一條龍式的分工，獨立作業模式加速設計師創業意願，但以公司現行案量及規模，根本也很難再走向團隊作戰的組織分工。這次他決定以成立副牌留人，成效如何尚待觀察。

3-3. 落地設計拉抬競爭力
掌控流程關鍵兼顧利潤與口碑

從專業分工角度來看，設計與施工確實是有其必要分野。但不可諱言，相較於設計兼施工兼監管，純設計的落地掌控必須更有方法，尤其是在工程專業程度尚待提升的地區。Ce設計公司主持設計師出生於大陸80後，創業時大陸公裝設計市場正蓬勃，即便開業於四川四線城市的瀘州，還是能以純設計為主要業務型態。隨著家裝設計市場起飛，自媒體的興起，來自於二線城市的成都案子愈來愈多，便將公司遷移。但他也發現家裝設計不同於工裝設計，業主更需要設計師協助落地。對於新創設計公司最重要的就是累積作品提高設計能見度，受限於公司策略方向及人力必須堅守純設計的業務型態，要如何來協助家裝設計業主落地設計，藉以提升作品能量及利潤呢？此時，一位曾合作多次的包工（大陸稱工長）看好家裝設計市場的未來，也想藉由與設計師合作來提升工程能力。Ce設計公司主持設計師便提出長期合作計畫，出資入股包工的工程隊，在自己經手的案子加入設計師推薦權責。至於異地工程他則與當地有施作工程的設計公司組成策略聯盟，推薦給業主協助其落地。不只解決了家裝設計業主苦惱的工程發包監管問題，更讓自己的設計可以落地，當然公司的利潤也跟著提升。

同樣也是80後的台灣設計師，以豪宅設計為定位的Cf設計公司主持設計師是以設計兼施工兼監管為主要業務型態，並依過去在其它設計公司發包的模式選擇分包。相較於統包，分包毛利雖較高，但在施工過程卻必須耗費更多心力監工。考量自己專長在於設計，與其花人力、心力在施工，不如投注在設計上。可是若選擇純設計，公司營收必然也會減少，設計落地性也必須考量，且多數業主仍希望由他們公司負責施工。幾經考量他除了先行提高設計費外，並與長期配合包工組成合作團隊，由其統包執行工程，對外仍以其公司來承攬設計與工程。雖然統包利潤不如分包來得高，但相對也不需要投注太多人力，不只可以讓同事更專注於

設計，人力成本也跟著降低，至於工程就由配合包工統包負責。由於Cf設計公司主持設計師案量穩定且裝修工程費用也高，加上創新能力強常得獎，包工並不需要再另尋案源即有足夠的營業收入，又能從施工中得到成就感，相互合作各司其長，反而更能提升彼此的收益，且設計落地性完全不打折。

業務型態與工程管理方式

再厲害的設計沒有被執行出來，都只是紙上談兵。而設計師最好的行銷，永遠都是自己的作品，不管業務型態選擇純設計或是設計兼施工兼監管，組織分工是要一人專責的一條龍還是分工的團隊作戰，最重要的是還是要讓設計如期待且如實的落地，並且獲得應該的利潤。在前面章節「羊毛出在誰身上很重要：認清業務型態掌控利潤做好服務」討論了純設計和設計兼施工兼監管兩種不同業務型態其獲利環節，在本章節則要討論不同的業務型態其設計落地的方式、策略，及各自的優缺點。

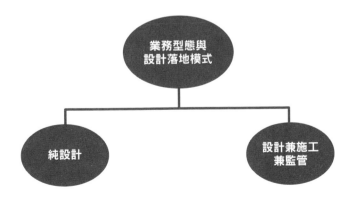

純設計間接落地掌控品質：就如前面章節討論，純設計的施工落地對於B型企業組織的商業空間設計業主問題較小，但對於C型個人住宅及商業空間設計業主卻是一大難題。一般純設計除了交付設計圖紙與工班進行圖說，在約定節點做檢核外，都是交由業主自行管理工程。但裝修工程既專業又繁瑣，一般業主既難以應對也無能力管控，一旦發生問題就會衍生設計公司與工班互推責任的戲碼，這不只造成業主的困擾，設計師嘔心瀝血的設計也無法落地成為作品。選擇純設計跟策略目標有關，若非得維持純設計業務型態，要如何掌控落地品質呢？既然無法直接承接就透過間接合作的方式來解決。自組施工隊並以入股方式共同營運，既可以通過股份掌控工程隊品質，更精準落地設計，也可藉此將事業延伸至產業上下游做垂直整合的經營。除此之外，也可與施工隊或承包工程的設計同業組成策略聯盟，相互支援設計及工程，必須要注意的是設計落地後的版權歸屬，要先說清楚設計版權為誰所有或是共同掛名，這都要在合作之前就先言明，日後才不容易發生糾紛。Ce設計公司主持設計師兩種方式都採用，公司所在的城市是用入股方式來掌控工程隊，異地則採策略聯盟。但不管使用何種方式讓設計間接落地，最重要的關鍵點還是業主的信任及託付。Ce設計公司主持設計師是透過合約將設計師推薦權責綁入，要求與業主共同挑選施工單位並協助包含費用、材質等級等的檢核。當然推薦也是有其應付的責任，不過藉由過程中與業主一起承擔，不只可以掌控讓設計落地，最重要也延續並加深與業主的關係，有助於客戶關係的經營（這將於最後一堂課「關係建立與串聯：客戶自來的自然行銷法」進行深入討論）。

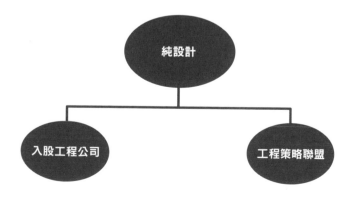

設計兼施工兼監管的統包與分包：台灣室內設計公司因多以家裝設計立基，業務型態多為設計兼施工兼監管，雖然設計落地性強，但因工程利潤與設計師工程流程掌控及專業能力為正變數，為守住利潤，相對地設計師所要投入的時間及心力也高。一般設計公司發包方式為統包及分包，多數設計公司多以分包為主，除了因為分包的利潤較高外，還可依工種選擇適合的工班。但工程整合及工種調度就得要自己來，需要投入較多的人力及時間，且施工過程中耗損多由設計公司吸收。統包雖然利潤較低，因為多面對工程隊或工程公司，相對也節省了人力、時間及施工風險的管理。是不是毛利一定比較低，必須要精算，只是有默契且有專業能力的工程公司難尋。統包及分包的選擇，不能只是從利潤角度來思考，還必須考量公司的策略目標。像Cf設計公司主持設計師初創業也是選擇分包，但隨著品牌知名度帶進案量及接案金額不斷往上攀升，他發現若要全都接下，勢必得投入更多人力。幾經評估，除了考量設計公司最大的成本就是人力支出，他也評估自己的設計能量，若能更專注於設計，能承接的案量勢必比現在多。所以他調整了發包方式，改以統包方式與工程公司合作，雖然利潤較低，但卻可維持現有人力，且藉由提高設計費及設計案量的提升，業績目標反而成長，且因為時間都投入設計，讓他有更多時間創新強化品牌力。

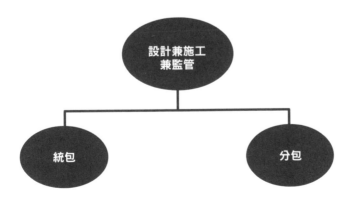

細膩陪伴
協助設計落地

並不是選擇設計兼施工兼監管的業務型態，設計就一定會被實現。若是設計師自身設計及工程的專業不足，或是工程管理及流程掌控有問題，甚至還會造成公司利潤嚴重耗損。相反的純設計只要設計圖紙夠清楚，在工程過程中給予業主更多服務，要成就作品並營造口碑也是一定做得到。

Cg設計公司主持設計師本科畢業後，便進入當地傳統裝飾公司上班，由於當時的大陸家裝設計市場尚未有支付設計費的風氣，裝飾公司都是以免設計費來招攬屋主。但對設計出身的他來說，設計不只應該是有價，而且以人為本，無法認同其理念便離開裝飾公司自行創業成立個人工作室。初創業時以老客戶、朋友、親戚介紹的關係行銷為主。2015年大陸家裝設計平台興起，於是便踩著時機點入駐，同時也開始經營微博等自媒體。於是案量迅速提升，不只新客比例增加，還多了不少來自於異地的業主。他認為室內設計是設計服務業，設計完成後，才是裝修的開始。不只平面圖、意象圖、效果圖、深化圖等要完整呈現，在過程中更要協助解決問題，給予業主好的體驗才能形成口碑，特別是異地的業主，這樣才能讓設計落地。

所以他從前期做跟蹤、測量、方案彙報；施工執行後亦會在每個節點做提醒，確保服務要到位，還會到當地探勘風土氣候，協助業主篩選施工隊、瞭解工人施工情況，並且實際確認設計的工法能不能實現，材料成本能不能控制等，給予業主建材的建議，並配合業主與商家接洽，乃至後期軟裝執行包括小樣寄到公司由設計師挑選等等，從專業和情感上都做到讓業主省時、省心、省力。做到即使是異地落地還原度也高達九成以上，也因為這樣細膩陪伴的品牌個性，讓他面對來勢洶洶的90後設計師進入家裝設計平台，依舊能站穩市場穩定接案。

康老師談「組織與分工」

「組織結構追隨策略」是管理大師錢德勒的經典論述，也就是說公司的組織圖是跟著策略來設計的。組織圖上呈現企業為了達到目標所採取的分工方式，以及不同單位水平（屬同一層級）和垂直（屬上下層級）間的互動關係。由於企業成長或策略改變的需要，組織結構或設計通常也需要隨著規模擴大、產業機會消長、或策略企圖不同而配合調整。當組織規模擴大，業務日漸複雜，就必須將工作分配到不同單位去完成，最後再將不同單位的任務與成果加以整合，以完成組織的目標。基本上，組織分工的目的是為協助企業中每一位成員順利進行其的任務，完成其價值創造的流程。

1. **組織設計始於分工，組織分工可依據業務編組分配到不同的單位，並設定各單位的決策權責。**單位可以依照功能劃分，例如：設計部、行銷部；依照事業部劃分，例如：旅館事業部、系統櫃事業部；依照地區劃分，例如：亞洲區、北美區；依照客戶或專案分工，例如：代銷Ａ案，建商Ｂ案；或是以混合方式呈現，例如：矩陣式組織等。

2. **當水平分工與垂直層級出現之後，需要更多的整合與管理工作。**單位之間的溝通與協調需要時間和心力，不同分工與編組方式，各有其潛在的效益，但也有其管理成本。當下屬人數不多或業務關係簡單時，由一人直接管理下屬即可。不過一位管理者能管轄部屬人數

依然有其限度，也就是「控制幅度」的限制，因此需要適時增加管理層級。當層級增加時，雖然有利監督控制，但也會降低決策時間和速度，當層級愈多時，組織需要花更多精力在行政管理上，進而犧牲了直接生產力。因此，組織分工的選擇，必須考慮各種分工的效益與成本之間的權衡取捨。許多設計師發現當公司規模成長，營業額增加或公司人數擴編，但淨利卻不如從前，其實是沒有意識到組織管理是需要成本的，而分工與整合的效率也會直接影響獲利。

3. **找到最適合的分工方式，將人力與資源集中在創造設計價值或滿足業主需求。**首先，需要確認的就是室內設計公司的策略，是純設計或是一條龍的營運模式？其次，策略決定公司的專業能力需求，是純設計模式還是設計兼施工和監管模式？前者看重的是專案時間與人力控制管理以及管銷費用控制等，屬於內部管理能力。而後者看重的是發包流程與工程進度品質掌控等，屬於外部議價力與對外包廠商管理能力。

當策略清楚、公司人力資源與專業配置得當，透過組織分工才能有效運用公司的資源與人力。肩負管理中大型組織的設計師與工作室階段的設計師，其角色是截然不同的。若組織設計得當，不但可以提升管理者決策與執行效率，透過專業分工反而讓設計師有更多時間專注在設計核心業務上，創造出更多讓業主滿意的作品。

第 4 堂 採發與專案管理
獲利關鍵在於品管的掌控

雖說室內設計的核心價值是建立在設計及服務，但再棒的設計、再好的服務，若無法落地都只是「紙上談兵」。在第3堂「業務型態與分工：設計要能落地才有價值和效益」，討論到設計公司的業務型態關係著設計落地的方式，並影響公司的獲利模式，同時也提及服務不同類型的業主必須要有不同的業務型態的選擇，像主力服務C型個人住宅設計的業主，多數是要設計連同施工及監管也就是全案設計一起，主要的原因在於一般消費者沒有足夠的專業可以去管控設計與工程的對接。以台灣來說，多數設計公司仍以住宅設計為主，因此多選擇全案設計，而大陸近年來，隨著家裝設計市場的興起，許多設計公司也從純設計走向全案設計，為的就是讓設計可以完整落地。

4-1. 採購發包與制度：分級發包防弊管控保毛利及品質

4-2. 報價關鍵與制度：精準計價強化競爭力更提升收益

不同於純設計型的設計公司獲利以設計費為主，**設計兼施工兼監管的全案設計，除了設計費及監管費外，最重要的利潤來源就在於施工。而施工主要獲利關鍵在於三方，一對工班及設備廠商的採購發包：既要有一**定的品質，利潤也不能少；**二是對業主報價：**又要滿足業主對品質的期待，價格還要有競爭力；**三則是工程的掌控：**雖說採購發包已設定好成本，理應不該隨意變動，但因工程的執行變數非常多，很容易因失誤而造成耗損，其獲利關鍵在於品管的掌控，如何減少執行過程中的失誤，是許多設計公司面臨的難題。

第4堂「採發與專案管理」，主要以設計兼施工兼監管的全案設計業務型態的設計公司進行探討，將就採購發包、報價制度及工程專案管理來引導設計師，如何控管品質，當然更重要的還是提高獲利。

4-3. 專案管理及掌控：落實設計並精準掌控環節賺到錢
康老師談「發包採購管理」

第1堂 策略目標
第2堂 品牌創建
第3堂 業務分工
第4堂 採發管理
第5堂 財務利潤
第6堂 留才組織
第7堂 創新研發
第8堂 關係管理

4-1. 採購發包與制度
分級發包防弊管控保毛利及品質

第一天到室內設計公司上班就被丟在工地，讓Da設計公司主持設計師一度想打退堂鼓。而且主持設計師也沒交待任何工作，只是要他觀察並要求看不懂工班做什麼就主動問，就這樣待了三個月的工地，才讓他回到辦公室上製圖桌。

從工地展開的訓練，使得Da設計公司主持設計師除了空間設計外，在工程的發包及進度掌控也較一般設計師來得專精，而這對他後來創業有很大的幫助。初成立工作室時，即便案量及金額有限，但憑藉著他在工程的優勢，從發包就取得較低的成本，對於工法的理解更讓他在時間及品質的掌控上，更有著超出價格的質感。只靠著關係口碑行銷就快速累積案量和作品，不到兩年就擴展成為10人的小型設計公司。

初期公司所有對工班及廠商的發包、採購，乃至於對業主的報價，都是由Da設計公司主持設計師自己來，但隨著案量及員工不斷增加，他已無法負荷。在公司規模成長至15人時，他重新調整組織，設立3位主案設計師，並將部分發包、採購及報價轉由主案設計師負責，以毛利率作為績效考核標準，達成目標就發獎金。

為了達到毛利績效，主案設計師們除了原有的工班外，又找進了許多工程團隊。而在轉由主案設計師負責後，Da設計公司主持設計師也有了更多的時間可以思考公司未來發展方向，此時開設連鎖餐廳的老業主計畫要前往大陸設點，便找他設計第一家餐廳。在完成業主的餐廳設計後，他便順勢在上海落地成立公司。由於必須長時間待在大陸，他更加依賴在台灣的主案設計師。第一年台灣公司獲利狀況還維持原本的水平，但從第二年開始，毛利就不斷往下修正，連續兩年讓他心生警覺，仔細一查核才發現發包、採購的價格明顯地較過去高，品質卻反而下降，逼得他只好回台灣重整公司組織及制度。

由於發包、採購涉及工程品質，還是需要由公司來控管，不能放任設計師自行尋找工班，必須由公司來統合並統一發包、採購。Da設計公司主持設計師除了建立發包及採購資料庫，同時將工程隊及設備廠商依其施工品質分級並制定價格。主案設計師仍可自行發包及採購，但得是資料庫內已經過公司審核認定的工班及廠商，並維持以毛利率為主的績效考核，並以此為獎金依據，才讓公司又恢復過去應有的獲利及品質。

室內設計公司常見採購及發包制度

對於設計兼施工兼監管的全案設計業務型態設計公司，除了設計費外，最重要的利潤來源就在於施工。除了工班及設備廠商的採購發包，要保本維持一定的利潤外，如何通過承包方式的選擇，掌控工程品質，避免因施工不當或錯誤造成毛利的耗損，也是至要關鍵，該怎麼做到保本（利潤）及品保（品質）呢？

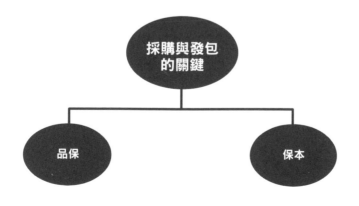

第1堂 策略目標
第2堂 品牌創建
第3堂 業務分工
第4堂 採發管理
第5堂 財務利潤
第6堂 留才組織
第7堂 創新研發
第8堂 關係管理

保本的採購及發包制度：室內設計公司的採購及發包制度不能一成不變，而是必須隨著組織發展做調整，才能確保應得利潤。中央集權、分權績效及中央分權等三種採購及發包制度常見於設計公司，每一種制度都有其優缺點及適用時期，以下就其進行分析：

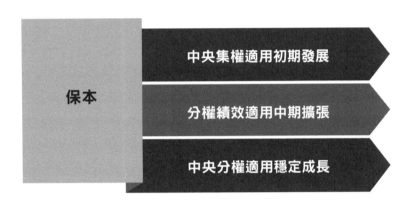

中央集權適用初期發展：設計公司在初期發展時，主要案源著重於關係及口碑，不管是工程發包或是材料、設備的採購，都必須由公司管控做集中的採購發包管理，才能讓所產出的作品，在維持一定質量的同時，還能保有應得的利潤。如此雖然可確保質量，但相對經營者也必須完全承擔，Da設計公司主持設計師就是如此，才能迅速的由工作室轉為小型設計公司。

分權績效適用中期擴張：當公司案量及規模開始擴張，案源走向多頭，既有的工程隊及材料、設備廠商必然不能滿足，且公司人員變多，管理工作走向複雜，經營者勢必無法完全承擔採購及發包要責，必須要分權。但如何讓負責的同仁在進行採購及發包時，仍以公司利益最大化為考量，就必須要透過績效的獎懲。以毛利潤率來要求並放權由設計師自行發包，雖可確保利潤且納入多元的配合團隊，但其制度的建立及執行必須更為嚴謹，且要有防弊機制，才不會過度放權反而損及公司收益，像Da設計公司主持設計師在前往大陸發展，無法久待公司時，在無人可確實監管的狀態下，就發生毛利明顯下滑。

中央分權適用穩定成長：當公司組織及經營走向穩定時，除非只服務特定圈層如豪宅的業主，在面對多元業主的需求及其預算組合，要怎麼才能在維持質量的同時，又能夠兼顧到利潤呢？中央集權採購發包制度是必要的。由公司統一建立採購發包資料庫，將工班、廠商依其品質及費用進行分級，讓負責人員可以依據業主預算進行採購發包，不只可避免低價高發造成工程利潤耗損，或是高價低發品質不佳影響口碑，所有議價都是由公司來進行，更能達到防弊的功能，當然為了追求最大利益，獎金的激勵仍是必要。Da設計公司主持設計師就是採取中央分權，透過制度的管理，才能安心在兩岸遊走，即使不常在公司，依然能持續成長。

品保最大化的發包方式：設計兼施工兼監管的全案設計業務型態的設計公司，其盈收除了來自於設計費及監管費外，工程利潤的高低更是決定收益關鍵。就如第5堂「財務與利潤稽核」所提，工程利潤除了取決於採購發包的議價能力及工程專業能力與管理外，若是施工品質無法達到一定品質，影響的不只是口碑，完工後的保固及售後維修服務更是心累。設計公司的發包方式不外分為統包、半包及全包，這三種發包方式各有其優缺點，但不管選擇什麼發包方式，都必須透過管理讓品保最大化。

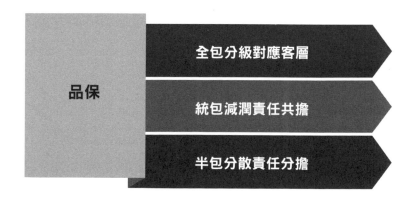

全包分級對應客層：台灣設計公司大多習慣採取全包方式，將所有工程承包下來，再依工程項目分包給不同工種的工班，其優點是可以找到各工種最厲害的工班，同時發包價格低毛利就高，且對於設計的落地可以完全掌控，其缺點是發生問題也必須由設計公司承擔。大陸設計公司近年來因家裝設計市場快速成長，造成全案設計的盛行，不少設計公司開始承包工程，不同於台灣設計公司全包後再依工程進行分包，主要是由設計公司全包後，再統包給項目經理。

就如同上述除非只服務特定圈層如豪宅的業主，全包要兼顧品質與利潤，其關鍵就是做到對價。所謂對價就是品質與價格必須對應，超出價格的品質耗損的是毛利，不及價格的品質損失的是口碑，若是要全包工程，不管是選擇分包或統包，建議都應將工程分級來對應不同的客層。

統包減潤責任共擔：大陸設計公司另一執行全案設計的方式，則是不承包工程，但推薦工程隊，再與其拆分利潤。台灣也有設計公司會採取此統包推薦分潤的模式。其缺點是不如上述的全包再分包或統包的利潤來得高，且施工落地掌控度風險質也較高，但優點是不必負擔因工程監管所產生的人力及物力，相對可更專注於設計，且保固及售後服務還可共同負擔。

半包分散責任分擔：半包則是設計雖是由設計公司來，但只承包基礎關鍵工程─水電、木工、油漆、泥作，其它設備則由業主自行發包，大陸稱之為半包。其優點可以更專注於承包的工程項目品質，不需要在工程管理及監督耗費太多人力，且保固及售後服務責任各自分擔。缺點就是施工的銜接及品質無法掌控，影響設計的落地性。但這並非完全無解，可以與業主協商只選擇其推薦的設備廠商，讓設計公司成為監工單位協助業主完成設計。

寶姐經營共學

制度化反點與價差掌控好品質

室內設計公司的採購和發包制度，跟所在大環境的「潛規則」有著絕對的關係。早期大陸傳統裝飾公司主要獲利來自於工程，低底薪、高提成的薪資結構，讓多數設計師都得藉由採購與發包來收取廠商或工程隊反點（台灣稱回饋）來提升薪資水平，這不僅是常態且是得到公司及大環境認可。廠商或工程隊會願意付出反點，無非希望設計師能選購自家產品或是在監工時不要太嚴格，而這也造就家裝市場裝修品質嚴重參差不齊的主因。

Db設計公司主持設計師在剛進入大陸市場時，最不能適應的就是反點問題。由於台灣薪資結構跟大陸不同，加上反點在台灣是道德觀感問題，面對大陸的「潛規則」，他是完全不能接受，擔心若收了反點會更難要求廠商及工程隊。初期在召募大陸員工時，就有不少設計師聽到不能收取反點直接打退堂鼓的，

而能留下來的員工，最後離開公司提出辭呈，反點都是理由之一。

為此他也非常困擾，於是我問他怎麼做到讓同事不收取反點，他回說他不只一次的三申五令禁止。「那你怎麼確認你同事都會聽話呢？」他沉默了幾分鐘「確實無法保證！」管理最大的考驗就是人性，當大環境的「潛規則」已約定成俗被視為理所當然，很難以口頭來管束，最好的辦法就回歸到體制內。

首要釐清反點和合理價差的不同。進貨量大價格本來就會便宜，一家設計公司一年至少可以採購及發包的量，跟一位家裝業主10年、20年才裝修一次，價格當然不同，這就是團購的概念。設計公司取得的是折扣價，跟市場價格自然有落差，這叫做價差而不是反點，價差要回到公司或是業主，設計公司可以自行決定，但其採購發包的出發點絕對是建立於客戶需要。反點不同在於是其著眼於廠商或工程隊的請託，希望能採購或是過關放水。

與其如此，不如就由公司篩選出廠商及工程隊幫業主做好把關動作，並直接說明將折扣回到公司，同時讓其及公司員工明白價差是因為量，而非為好辦事好過關的反點，交由公司統一來管控，再依員工執行績效做為獎金發放。在聽取我的建議後，Db設計公司主持設計師調整了方式，不只更獲得業主認可也減少了人員流動率。

4-2. 報價關鍵與制度
精準計價強化競爭力更提升收益

高中唸的是知名美術專科學校，Dc設計公司主持設計師有著極深的手繪底子，畢業後，本來想走平面設計，卻因緣際會的進入室內設計產業，從畫施工深化圖開始學起。也因為這樣的養成，讓他不只擅長設計，其落地的程度也很高，由於對工法非常理解，因此在工程的計價及發包也都較其它設計師更能掌控。而這使得他發包金額都能較同業低，對業主的報價自然更有空間，毛利不用說也較高，這樣的優勢，讓他很快就從個人工作室擴張成15人的小型設計公司。

在公司成立的初期，由於案量還不算多，所承接的案子預算也不高，所以仍是由他自己來掌控廠商的發包價格及對業主的報價。雖是如此，發包與報價都需要精算，必須專心一意，常都得等到同事下班了，才有時間進行，長此以往，白天做設計、跑工地，晚上加班做報價單，身體也開始吃不消，爾後隨著業務量不斷升高，更成為他極大的負擔。於是便依循著過去在其它設計公司工作的報價經驗及模式，從廠商的發包報價到業主的承接報價一條龍式的轉由底下的設計師來負責。

執行初期，確實減輕了他的負擔，讓他有更多的時間可做設計並擴展設計業務，可是沒多久他又發現問題。雖然設計師在對廠商發包報價，都有依公司談定價格進行，但因為計算數量不對或是尺寸算錯，常會造成對業主報價的落差。不只如此，部分設計師面對廠商或業主的議價，無法堅持也造成公司發包及承接成本增加。甚至還有一次發生計價excel表格跑掉，少跟業主報了近新台幣100萬元，這才讓他驚覺不能全都由設計師負責發包、計價、報價，尤其公司正準備擴發時，必須重新將組織分工並建立制度。

於是在與原本就掌管公司財務的太太討論後，不只將採購發包獨立於設計部，設於財務部底下，同時也將設計與工程分工，當設計師在完成所

有圖面設計，先由工程部檢核，再交由採購發包部進行材料及工資的計算，其間必須經過採發主管、設計主管、工程主管，確認無誤後，再交由財務進行毛利計算，最後由設計師執行與業主的報價。這不只減少設計師的負擔，可以有更多時間做設計及服務業主，而透過專業的管控，也讓他們能持續保持發包及報價的優勢。

防弊阻疏失的報價制度

相較於純設計型態的室內設計公司，設計兼施工兼監管型態室內設計公司在面對業主的報價必須更為精準，才能確保獲利。而報價的高低則決定於對工班及廠商的發包金額，且並不是說發包金額低就好，還得考量其時間管理及素質落差，若施作品質不優，耗損的可是公司口碑及信譽。但如何訂價？又怎麼報價？對於室內設計公司營運絕對是門藝術。講需求、談設計時，對業主及設計師來說都是個築夢的過程，除非一開始就不對盤，不然應該都是很愉快的。可是一落到報價就是回到現實狀態，設計師當然都希望業主能買單實現設計，但錢得從業主口袋掏出來，能少付就少付。應該很少見到業主面對設計師報價，能始終保持笑容（若是如此一定要趕快檢查報價單），多是一邊聽一邊皺眉頭吧。而依現在業主的習性，通常也不會只找一家設計公司，不可避免報價也影響著公司的競爭力。以現在資訊透明化的程度，室內設計公司報價不只不能背離市場行情，還必須顧及業主對價格的認知，建立所謂的對價關係，並預留議價籌碼，才不會損及利潤。同時又要避免負責報價的人，因估算不完整或是數量有誤或是因對作品的過度期待，而造成報價的誤差，如何建立防弊阻疏失的報價制度，是室內設計公司確保獲利一定要的思考。以下將就室內設計公司常見的報價制度進行探討：

第1堂 策略目標　第2堂 品牌創建　第3堂 業務分工　第4堂 採發管理　第5堂 財務利潤　第6堂 留才組織　第7堂 創新研發　第8堂 關係管理

報價制度	一條龍報價檢核是重點
	採發另置外控要建共識
	專業分工監管要能當責
	資料庫系統管理要彈性

一條龍報價檢核是重點：所謂一條龍報價就是讓設計師就所設計的項目進行計價並向業主報價，這常見於個人工作室及小型室內設計公司。其計價基礎來自於對廠商的發包價格，一般公司都有固定工班配合有其計價標準，但也有公司是以總毛利要求，讓負責設計師自行發包，兩者各有其利弊（請見4-1採購發包與制度）。一條龍的報價方式的優點在於設計師對於設計、材質及工法都有一定程度的理解，不論在發包詢價、計價或是在與業主報價都可以很直接反應，但相對也較難防弊也難擋疏失。若非得要採用一條龍報價制度，必須要建立檢核機制，確認無誤才能與業主報價。Dc設計公司一開始就是用一條龍的報價制度，當經營者無法經手時就容易發生問題。

採發另置外控要建共識：一般工程營收佔比較高的室內設計公司，因發包金額都不低，多會另置採購發包部門及人員，而非由設計師直接發包、計價，一方面可以用量來與工班、廠商議價，一方面也是為了防弊及阻疏失。但因為採購發包人員並非設計師，並不需要直接面對工班、廠商，若對於設計師設計手法及其所使用的材質、工法不夠理解，很容易發生高價低估，造成工班及廠商團隊的流失，影響施工品質，那低價高估就更不用說了。如何建立採購發包人員與設計人員共識，是採行此

制度必須要注意的，要讓兩組人員對於價格與價值有著一致的標準，落差不能太大，才不會耗損好工班、廠商及公司應得的利潤。

專業分工監管要能當責：一般中大型且組織分工清楚的室內設計公司，設計及工程部門多各自獨立，設計部完成設計後，交由工程部門就設計圖面進行發包計價，再由設計部對業主報價，再交回工程部執行，而部門各有負責的主管，可以就其負責內容進行檢核。Dc設計公司在進行公司重新分工時，就是採用此制度。就制度面而言，每個部門都有其檢核點，弊端及疏失較難發生。Dc設計公司在調整成此模式報價後，也確實減少了問題發生，只是這並非一步可到位的。主要原因是落到執行面，其成果及績效還是跟執行的人有關。設計要落地需要各個環節都能配合，若檢核主管無法當責負起監管的責任，就很容易演變成互相推諉，甚至製造部門嫌隙，若採取此制度，必須要明確歸屬其責任，並依此訂定獎懲。

資料庫系統管理要彈性：數位科技發展有助於資料庫系統的建立，現有不少設計公司選擇自行開發ERP或是套用公版ERP或是運用資料庫概念，建立工班及廠商的發包及計價系統，並定期做檢核及調整，報價時直接撈取資料庫即可計價。由於所有發包價格都由系統操作，理論上是可防弊又可阻疏失。但問題就在於系統管理，若遇到特殊的設計、材質及工法，或是業主有特別的需求就很難完全滿足，必須要保持適當彈性才能兼顧。

第 1 堂 策略目標

第 2 堂 品牌創建

第 3 堂 業務分工

第 4 堂 採發管理

第 5 堂 財務利潤

第 6 堂 留才組織

第 7 堂 創新研發

第 8 堂 關係管理

報價流程
建立業主信任

室內設計是「信任」產業，只有甲方和乙方互信才能成就一切。當彼此的信任感開始崩解，若條件允許，我通常會「勸離不勸合」，有時不接，比接更好！而信任感的崩解最常出現於細節溝通，特別是在報價的過程，像是答應送的，最後要付錢或是本來說好多少錢，最後卻嚴重超支等等。

曾幫一位熟識的主持設計師介紹案源，他們公司口碑向來很受消費者肯定，但最後的結局卻是落得解約。這問題就出在報價的環節。由於Dd設計公司很早就建置報價資料庫。為了讓業主清楚所必須支付的費用，通常會依各項工程做出粗估的預算表，讓業主在評估選擇設計公司時列為考量。這對於屋況不複雜或是有過裝潢經驗的業主來說，或是在原物料價格平穩時可說是很務實的服務。可是當原物料節節上漲，又是屋況複雜的老屋，立意良善的服務反而會造成彼此信任瓦解的來源。

由於過程中，設計師沒空陪同挑選設備，廠商又未依設計師公司所選材質及五金進行報價，最後實際報價多了近百萬新台幣，就此業主的信任感全失，深入了解發現問題就出在報價制度及流程。原因就在於原物料上漲後，資料庫的數據已不足以參考，但業主已把粗估的價格認定為實際報價，而老屋在拆除後又現出許多問題，兩者相乘的結果，費用當然嚴重超支啊。

不管是設計師或業主都要謹記，設計任何一動都是錢，材質、工法不同影響的也是錢，正確的報價流程應該是在完成所有設計並確認好材質及工法後，所報的價格才是最精準，偶有的變動造成價格浮動是可以被業主理解的。就算要粗估讓業主有底，最好也用一坪（或一平米）多少錢，還有牽涉到設備或材質設定，設計師一定要陪同，才能避免計價基準不同形成價差，造成業主的不信任。報價制度及流程正確，換來的不只是簽約，更重要的是信任。

4-3. 專案管理及掌控
落實設計並精準掌握環節賺到錢

不管是設計師或是付錢的甲方，再好、再創新的設計，都得要落地才算數。而且相較於設計，工程的細節所堆砌出的生活舒適感，對於家裝住宅設計的業主，可能比設計創新還重要。De設計公司兩位主持設計師，在校期間雖然不是玩在一起的同學，但畢業後反而因共同對室內設計的喜好而踏入產業進而合夥創業。

創業之初，台灣家裝設計市場已形成，卻還沒有支付設計費的概念，自然選擇設計兼施工兼監管的業務型態為主力，爾後設計付費觀念雖形成，但也吸引更多設計人投入創業。由於兩人都出身泛設計領域，很清楚自身設計能量並非行業中最強的，除了設計能力的提升外，對於工程落地就更為著力與專注。

設計工程獲利最重要的關鍵就是在時程、成本及品質的精準掌控。一個設計工程案，光工種就多達數十項，要讓設計能落地並且有一定品質，不只每項工種流程銜接要順暢，細節還得做到位，就算是有相當經驗的設計師，過程中都難免有疏失，更何況還得要求在預算內完成，那就更不用說新進設計師。但這還不是最令人頭痛的，而是每每好不容易訓練好一位設計師，過了幾年就離開，得又重新再來過。經驗無法完全被傳承，讓兩人開業多年，都還是得自己跑工地。親力親為雖然可以確保利潤，但公司規模及接案量也相對受限，如何透過制度的建立讓三者都可以到位，不會造成公司利潤及後續服務的耗損，De設計公司主持設計師花了不少心力及時間思考建構。

習慣記錄施工程序、細節及監工的重點，並隨時做更新，De設計公司主持設計師便以此建立了內部的SOP表格，結合工作流程及組織調整，並通過專業管理的模式，將每個設計案視為專案，讓同事在每項工程進行時執行，同時建構檢核機制，確保執行落實，就算沒有經驗的新進人

員到職，也都能很快上手。這不只讓公司規模得以擴張，確保應得的利潤，他們也以此作為公司的行銷定位，強調SOP專案管理精準落實設計及細節到位的特色，因而廣獲C端消費者的認同，成為公司最強的核心競爭力。

專案管理黃金三角

美國知名設計產業顧問Granet&Associates,Inc.創辦人KEITH GRANET，在其所著的《THE BUSINESS OF DESIGN》一書中說道，對設計業來說，成功組織和困頓公司的勝敗差別在於專案管理。但，專案管理是什麼呢？根據美國專案管理學會（Project Management Institute, PMI）的定義，「專案管理」是運用管理知識、技術、工具、方法綜合運用到一個專案上，經專案起始、計畫、執行、控制、結案五大程序的運作，完成並使其能符合專案需求。而室內設計的專案管理包含了設計與工程的專案，透過業主、室內設計公司及工班與設備、材料商的共同配合，在成本及時間的限制之下，以確保品質為出發，從開發、規劃、設計、發包、施工、監造到完工後維護，所建立的品質管理制度。

專案管理最重要的三個要素就是時間、品質及成本，而在室內設計專案管理中，工法、工序、工時關係著品質和時間，設計、採購及發包影響品質與成本，透過專案管理的黃金三角，不只可落實設計，品質更可經精準掌握環節後提升，更重要是確保獲利。室內設計的專案管理要如何來執行呢？

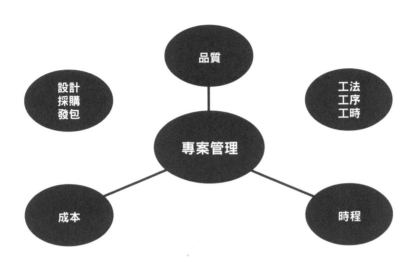

第1堂 策略目標

第2堂 品牌創建

第3堂 業務分工

第4堂 採發管理

第5堂 財務利潤

第6堂 留才組織

第7堂 創新研發

第8堂 關係管理

室內設計專案管理的啟動

專案管理若啟動時，毫無規劃是很難成功的，必須在專案啟動前，就確認好方向並製成專案企劃書，來指引參與專案執行人員，這樣不只可避免與業主期待不一致而產生糾紛，專案執行過程中，若有不同的成員加入，也能很快的進入狀況。室內設計的專案管理，一定要結合執行流程，才能掌握好專案的進度及方向，要如何開始呢？以下就室內設計專案管理要點進行詳述，並附上執行內容，由於每家公司流程略有不同，可自行調整：

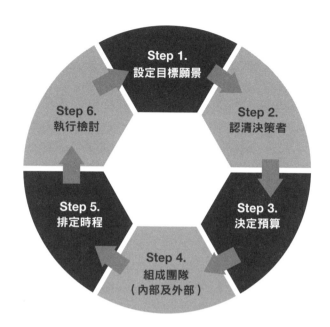

Step 1.設定目標願景：不管是商業空間或是住宅空間，都有其改造必須要達成的目標，而這目標不只是建築物本身的改造，更多是包含業主生活及心理的需求。通常越能被清楚描述的目標，達成率越高，這表示專案執行者對於不管是目標建物或是業主需求都非常清楚。不管是純設計或是設計兼施工兼監管，只要簽下合約啟動專案，就要透過細微的觀察及適當的提問去探究，不要只關注在建築物本身。在進行專案願景規劃時，光有目標仍無法完全聚焦，還要能為目標描繪願景，而且要具有場景感，越清晰越能夠凝聚專案所有人及執行者的共識。如30坪20年老屋翻新，是屋主夫妻為自己所準備的在宅養老空間，兩人各有嗜好興趣，期待退休後長時間在家能不無聊，同時在老後體能退化，依然能安全、舒適的生活。

室內設計對應流程：與業主聯繫 → 取得基本資料 → 個案評估 → 公司簡介準備 → 服務說明如服務範圍、收費及方式說明等 → 合約審定及簽定 → 初次設計提案

Step 2.認清決策者：花錢的人和付錢的人哪個重要？還是一樣重要？專案執行者若弄不清楚真正決策者是誰，浪費時間還事小，只是成本的耗損，最怕的是專案執行結束收不到錢。若是住宅家裝設計，業主為夫妻最好兩人都能到，若業主是二代付錢的是父母，那最好連同金主一起溝通。商空工裝設計也一樣，到底是創辦人、股東會做主，還是執行長說了算，都要下工夫去打探，認清決策者，免得做白工。此外，主要連繫窗口，也要打點好，尤其甲方若是企業主更是要抓緊，才有利於傳達。

室內設計對應流程： 現況深入調查如設計範圍確認 → 初步規劃包含時間限制、配合事項 → 確認主要連繫及決策者 → 需求深入訪談 → 初步設計 → 完成草案設計 → 提出粗估預算

Step 3.決定預算：沒有預算上限的設計是無法被執行的。很多業主嘴說沒有預算上限或不知預算要花多少，其實心裡都有其設定的數字，只是數字不一定可與設計者的設計符合。在專案執行中時間、成本及品質是互相對應的，設計者不只要想方設法的探究出業主可支付的預算上限，更有必要建立業主的對價觀念，必須要讓業主明白要什麼樣的品質就得要付出同等的預算，而這最好在與業主簽下合約啟動專案前，就要有意識的去引導業主，便於預算的設定及執行。

室內設計對應流程： 原提案檢討 → 法規探討 → 平面圖確立 → 設計發展包含材質、色彩、燈光等計畫 → 設計修正定案 → 配合廠商尋價 → 最終預算確認

Step 4.組成團隊（內部及外部）：室內設計要落地需要內部及外部團隊的執行，即便業務型態為純設計，都得要協助業主與其工程團隊對接，更不要說設計兼施工兼監管，連工程都得自行發包。所以專案要執行前，要設定好成員在團隊的角色及工作內容，才能更有效率地被執行。

室內設計對應流程： 機電及設備協商 → 圖面計畫執行 → 審查圖面準備 → 成本預控及預算策略提出 → 發包策略決定包含統包及分包 → 協力廠商確認 → 團隊連繫系統建立

Step 5.排定時程： 時間的排定也是專案執行的重點，攸關業主評鑑績效及付款的關鍵。要依設計為專案擬定各項工作的時程，並要能隨時更新，且最好與財務串聯收付款，更能確保專案執行的收益。

室內設計對應流程： 製作專案執行時間表 → 包商進度安排 → 材料確認檢核 → 協力廠商及包商合約責任及付款方式確認 → 施工圖說準備

Step 6.執行檢討： 任何設計在執行過程中，很難避免變更，且人員流動也難以預料，所以當專案開始執行時，就要確實記錄每日日誌，且要隨時進行檢討。因為任何變更都會涉及到時間、預算及最初所設定的目標願景，要時時去檢視，才能確保專案執行的最後成果，是大家所共同期待，才能避免因落差而產生的糾紛。

室內設計對應流程： 取得室內裝修審查 → 建立作業及品管流程 → 包商品質稽核 → 圖面及工法評估 → 設計變更確認 → 替代性工法思考 → 追加減帳確認 → 驗收準備 → 完工書面報驗執行 → 竣工圖及維護手冊移交 → 檢討評估包含發包單價成本及包商整體表現 → 拍照留存檔案

沒獲利事小 最怕糾紛上身

在江湖上行走,很少有不踩雷的,不管是因為自身管理不當所致,或是真遇到難纏「奧客」,多數設計公司經營者都會選擇摸著鼻子把案子收完,與其「歹戲拖棚」耗費精力處理,不如花錢了事。進一步探究其因,很少有裝潢糾紛是因設計美感落差所致,絕大部分不是因工程進行中,溝通不良造成認知差距,進而發生拒付款項或是停工等狀況,就是完工後驗收品質明顯落差,雙方無法達成共識而僵持不下。對設計公司而言,每個項目的執行都是獨立的專案,而專案要獲利必然要透過管理,就如美國知名設計產業顧問

Granet&Associates,Inc.創辦人KEITH GRANET所言,對設計業來說,成功組織和困頓公司的勝敗差別在於專案管理。但問題是很多設計公司經營者,都只把設計當成核心,對於工程管理卻較少著墨,Df設計公司主持設計師就是這樣一位經營者。

因關注Df設計公司主持設計師的作品,業主決定將新購的50坪私宅委託設計,在簽下合約後,就轉由專案設計師來執行。但之前主持設計師所允諾的設計,卻未完全落實於在設計圖上,進入工程階段,要求調整或改進的部分都未做到,其間專案設計師又離職,前前後後換了三位設計師,工程拖到七個月還沒辦法收尾。透過關係終於請出主持設計師與業主當面協商,誰知主持設計師一出場就有如大師蒞臨,態度高傲不認自己的管理疏失就算了,還檢討起業主,不用說協商當場就破局。業主氣到直接提告,後續出庭,才知該主持設計師不只一件官司在訴訟。雖然早已聽聞該公司向來財大氣粗,沒再怕打官司!但開門做生意,不就是為了獲利,而設計公司最重要的就是要讓自己的設計落地,過程無法有效管理,一再修改,毛利早已耗損,最後又鬧出糾紛告上法庭,這樣的主持設計師就算再有才氣,沒有業主的支持,被市場淘汰也是遲早!

康老師談「發包採購管理」

設計本身在服務業主的需求，不管是住宅案或是商業空間，包含各種創造價值的活動投入，才會有最終滿意的產出。設計與服務雖扮演關鍵角色，仍需要其它主要活動與附屬活動一起創造價值，因此也需要掌控上下游生產鏈。首先需決定的是生產鏈的建構中，何者需要外包或採購，何者需要內部員工負責。自製與外包的選擇決定公司的規模大小以及聘僱員工的多寡與專長，不擅長或是相對弱勢的項目盡量外包，而攸關企業核心競爭力的關鍵價值活動就要保留在自己的公司中。當然不是只有設計才是設計公司的優勢，工程管理能力也是攸關業主感受到的生活舒適度，因此，要考量內部與外部資源與策略配適，決定企業範疇的選擇與定位。

室內設計公司對業主的報價，多從發包的上游供應鏈（工班、設備、材料、其它設計公司）的採購金額作為計算直接成本的起點。毛利是公司獲利的能力的來源，對業主的報價以及發包採購的金額價差，大概就是專案的毛利來源。高毛利代表其設計服務對下游客戶有高度吸引力，或是其採購的規模對上游供應商有議價力。但是設計公司不應只是買賣服務業賺取差價而已，而是提供獨特的設計服務價值，作為品牌永續的基礎。

1. **設定標準成本是發包的基礎，不同業務型態的成本結構不同。** 價格估得準比喊得高更重要，報價單估計得越精準有助於減少毛利的不

確定性。會計報表上常發現實際發生的直接成本和設定的標準成本有很大的差距。實際成本高於標準成本時，代表營運上有耗損。而實際成本低於標準成本時，則意味著有偷工減料的可能。理想的發包採購制度設計，不是一味的降低直接成本，而是透過採購資訊的正確性與即時性，避免資訊不對稱所產生的營運風險。

2. **發包過程中除了直接成本之外，也隱含許多「契約」內的交易成本。**包括：搜尋成本、套牢成本、投機成本。實務上出現許多設計裝潢糾紛，大多都是契約不完整所產生的交易成本所致。上下游供應商與下游客戶交易前都需簽定完整的契約，避免交易後的各種不確定性所衍生的成本（錯誤修改、資訊不對稱、品質認定差距）。

3. **對業主的報價以及外包採購都需要以外部契約來管理。**契約的完整性也代表組織內部知識管理的能力，透過專案管理與流程設計，將這些服務過程的內隱知識轉換成內部文件或標準作業流程，降低對人治的依賴。

價格喊得高也許是靠名氣與相對議價力，但價格估得準則需要靠過去報價經驗以及完整的報價資料庫來支持。價格（或營收）不等於利潤（淨利），利潤是管理出來的，外包工程管理得好會降低營業成本，提高毛利。內部員工管理得好會降低營業費用，提高淨利。內外管理兼具，才有利潤。

第5堂 財務與利潤稽核
案量多也要錢賺到才是王道

為什麼公司一直有案子做，每個月發薪水還是提薪吊膽，錢到底跑到哪裡去？明明都算好毛利了，怎麼結完案，不賺反賠呢？還記得在前面章節提到的Aa設計公司吧，一個月可以開工20個案子，財務卻還是發生危機，銀行帳戶沒有現金可調度造成公司跳票。案量大不是代表營收高嗎？為何還會落得如此呢？追究其原因就是財務缺乏專人管理。

從採訪台灣、大陸及香港室內設計公司經營智庫發現，**能賺錢、會賺錢的設計公司，通常都很重視財務管理。財務絕對不是記流水帳，財務管理是企業管理的基礎**，不知道利潤從哪裡來，如何能守住錢？看不懂財

5-1. 搞清楚利潤比接案更重要：了解收入來源守住關鍵才能留下錢

5-2. 看懂報表更有效監控營運：應用財務報表有效率回應經營現況

5-3. 做多也要錢收得到才算數：收放款與工作流程的勾稽確保權益

務報表又怎麼知道公司經營的現況，到底是賺錢呢？還是早就在燒老本了！也不要以為案子接得多就一定會賺到錢，東一個扣尾款，西一個追加不想付、沒有收，錢收不到都是白作工！錢賺到只是進老闆口袋，沒有足夠預備金，不只難以策略性的開拓市場，只要一風吹草動很容易就陷入經營困境！更重要是錢不會從天上掉下來，不能空等著案子進來，規劃好年度預算才知道錢怎麼來！

公司財務是命脈，室內設計公司經營第5堂課「財務與利潤稽核」，教你通過財務更了解公司經營方向，更重要還是賺到錢。

第1堂 策略目標
第2堂 品牌創建
第3堂 業務分工
第4堂 採發管理
第5堂 財務利潤
第6堂 留才組織
第7堂 創新研發
第8堂 關係管理

5-1. 搞清楚利潤比接案更重要
了解收入來源守住關鍵才能留下錢

就跟所有產業的創業者一樣，絕大多數設計公司的經營者都是從零開始的，但也有極少數是負數做起的，才進入就負債。認識Ea設計公司主持設計師時，他是邊接案邊還債務，但20年後，他不只台灣，還跨海至大陸成立設計公司。

進入室內設計產業並不是Ea設計公司主持設計師最初的選擇，美術出身的他原本是希望能跟隨心儀已久的平面設計大師學習，才上班第一天就被勸往室內設計發展。而他竟也聽從對方的意見，沒幾天就出現在一家室內設計公司，從跑工地開始見習起，爾後公司前往大陸開拓新市場，他也一路跟隨過去打天下。當時的上海有如大工地，處處都有工程在進行，實在不習慣外派的日子，便回到台灣自行創業，與朋友合組個人工作室。

說起來運氣也不錯，才一成立就有過去服務過的業主來找，自認為沒有數字概念，財務這類非設計相關的業務便交給了合夥人。由於設計及服務口碑都不錯，一案接著一案進，也沒有缺過業績。正開心創業有成，往來工班突然停工，這時才發現原來過去一年合夥人從沒準時付過工班工資，所賺的錢早已被他挪為私用，事情爆發後，合夥人更乾脆一走了之。無奈只能承擔，所幸工班願意相挺，才又繼續接案。既要應對債務又要讓工作室能繼續營運，深知自己的專長仍在設計及工程，他決定招募專業財會協助他來管理。財務到位後，首要將公私帳分清，接著又以專案模式來計算每一個案子的成本及利潤關係，讓他更清楚獲利的關鍵，透過財務管理制度，讓工作室的營運步上正道。

在攝影好友的力薦之下，知道Ea設計公司主持設計師的狀況，便主動邀稿刊登雜誌。在那還是紙本為王的時代，又正值台灣家裝設計市場進入快速成長時期，果然為Ea設計公司帶進大量的案源。沒幾年Ea設計公司主持設計師不但還清債務，還從個人工作室一路擴展成為20人的大型設計公司，並進入大陸市場成立設計公司。

室內設計公司收入來源及利潤關鍵

財務管理是企業管理的基礎，不知道利潤從哪裡來，如何能守住錢？任何產業都有其獲利模式及利潤關鍵，室內設計當然也是。就如前面章節所言，室內設計不是製造業，並不需要一定資金來研發及生產產品販售，做的是「買空賣空」的生意，賣的是腦力智慧及設計服務。不管接的案子坪數有多大及經手的金額有多高，終究只是過路財神，最終能入袋的其實有限，而且利潤還是變動，主要決定於設計者的專業及管理。Ea設計公司主持設計師就是以設計及工程專業確保獲利，再透過財務管理制度，才能迅速償還債務讓工作室營運步上正道。

跟所有產業一樣，室內設計公司的收入也可區分為業內及業外。業內收入來源不外設計費、工程費及監管費（或稱為工程整合管理費用），純設計業務型態的設計公司主要收入來自於設計費及監管費，而設計兼施工兼監管的設計公司除了設計及監管費還有工程費，其中設計及監管費為固定收入，工程利潤則為變動維繫於工程掌控能力。一般設計兼施工兼監管業務型態的設計公司若設計能量較高，其設計＋監管與工程利潤佔比約50：50；工程能力較高的，其收入佔比工程利潤可達6成以上。每一項收入都有其必須支付的成本及耗損，要確保收益一定要清楚每項收入的利潤關鍵。

第 1 堂 策略目標

第 2 堂 品牌創建

第 3 堂 業務分工

第 4 堂 採發管理

第 5 堂 財務利潤

第 6 堂 留才組織

第 7 堂 創新研發

第 8 堂 關係管理

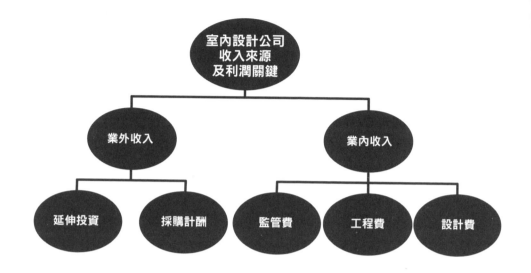

設計費關鍵在於人力效率：設計費最大成本就是人力支出，從現場勘景→概念發想→方案提出→效果圖說明→工程深化圖→工程節點圖等圖面設計都需要人力，而時間與人力成本成正比，時間越長成本越高，要降低設計費成本關鍵就在於人力效率。如何精準地運用人力在時間內完成設計是首要，而隨著科技的進步，現有許多3D智慧雲設計軟件也可以協助快速出圖；此外，還可以運用外包人力來降低成本；或是將圖面系統化，將必用、常用、慣用設計圖面做成資料庫，減少新製圖面，也可以達到目的。

工程費環節在於控制錯誤：工程利潤高低也與所在區域裝修市場開化程度有關，市場愈不透明利潤就愈高，但隨著市場走向透明及網路詢價容易，加上缺工的影響，不論消費者與供應商其議價能力都提升，工程利潤相對受到擠壓。室內設計公司要確保工程利潤除了取決其工程專業能力及管理，還有與工班的議價能力，而這來自於發包量及付款方式等等。但最保本的就是要減少錯誤所造成的耗損，從一開始的報價、流程的掌控到圖面的正確性等環節都是環環相扣。若想要再提升利潤，就要通過包含材質、工法、形式等的模組系統，才能有效達成。

監管費重點在於整合協調：監管費決定於總工程費，為其5～10％，監控和管理工程品質雖然能做到設計落地並符合期待，但要確保利潤就要掌控施工時間，必須通過整合及協調，而要提升其效率最重要是信任感的建立，這與服務流程息息相關。對於純設計型態的設計公司收取監管費是沒有疑問，但對於設計兼施工兼監管的設計公司，收取監管費不免讓人有球員兼裁判之感，易引發爭論質疑。建議與其以監管費名義收費，不妨以工程整合管理費收取，在收費時明確定義其服務。

營業外收入是指企業發生的與其生產經營無直接關係的各項收入，室內設計公司的業外收入多因其關係而帶入產生，採購服務及延伸專業跨域服務是室內設計公司常見的業外收入來源。

採購聯盟共同創造收益：不管是廠商直接回點或是設計公司採購賺取價差，透過採購而產生的收入是室內設計公司常見的業外收益，雖然隨著資訊發達網路搜尋便捷及市場價格趨於透明化，採購收入也引發爭議。但事實上室內設計公司提供的並非只是單純的搜尋採購服務，其獲利根源是來自於整合風格、營造氛圍及提升價值的專業。在走向分工專業的現代，設計公司不一定要全包，可以與專業軟裝及藝術經紀公司組成策略聯盟，共同創造收益。

延伸專業跨域創造收益：除了因採購而帶入業外收入外，設計公司也常運用經營特定領域所延伸的專業來創造收益。這較容易發生在專門服務B型企業組織的設計公司，這類型的設計公司因長期沉浸於特定領域，對於趨勢更為靈敏且具有資源整合能力，不管是直接投資或是收取顧問費用都是常見的業外收入方式。在3-1「羊毛出在誰身上很重要：認清業務型態掌控利潤做好服務」所提到的Cb設計公司主持設計師，就是因餐飲空間的設計而進入餐飲設計品牌的經營，結果反而業外的收益高於業內。

第1堂 策略目標　第2堂 品牌創建　第3堂 業務分工　第4堂 採發管理　第5堂 財務利潤　第6堂 留才組織　第7堂 創新研發　第8堂 關係管理

公庫≠私庫，公司的錢不是給老闆花用

相較於其它行業，室內設計師要創業當老闆的門檻確實不高，不需要有太多資金，只要有案源，具有一定的專業，執行業務過程不要出太大的錯誤，能按時收到款項支付工班費用，要賺到錢倒也不是那麼困難，最重要是一個人也可以開工作室執業。

我經常接到來自新創設計工作室或公司的推薦作品，Eb設計公司便是其中一家。當時業內少見女性經營者，加上她又是從日本學習室內設計回來，不只積極配合雜誌議題採訪，同時還投入廣告行銷，不到一年就迅速擴展超過10人的設計公司。

即便已是公司規模，財務仍是交由她的特助管理，使得她不只對於公司金流的運用毫無概念，也不清楚每個設計專案最後獲利狀況。自認為公司也沒有其它股東，賺的錢當然都是自己的，需要錢就直接請助理提領給她，公司與私人一直都是共用帳戶。此時家裝設計市場正進入快速發展期，她更是投入大筆廣告行銷費用來宣傳，果然如願帶入大筆案量，但錢進錢出的快速流動，每個案子是否如估算獲利，就更沒辦法掌控，而且光是應付如潮水般的案量，讓她無暇也無力管理公司財務。

隨著家裝市場逐漸進入成熟期，新創設計公司及個人工作室不斷投入，Eb設計公司主持設計師雖然有感覺競爭使得案源下滑，卻因為從未精算過公司財務，加上持續有案源進來，也就沒有多想。直至專門投資建商餘屋的業主，遊說她一起合夥成立地產公司。沒想到資金挪動的結果，Eb設計公司主持設計師竟開始過起跑銀行3點半的日子，這時她才意識到公司財務應該早已有狀況，由於資金已投入地產，不可能斷頭賣屋，只能硬著頭皮做下去。於是市場就傳出她拖欠工班工資，到最後連業主都跳出來指控她拿錢卻沒有完成工程，沒多久Eb設計公司就這樣消失在江湖，只留下一頁傳奇！

5-2. 看懂報表更有效監控營運
應用財務報表有效率回應經營現況

從小就喜歡畫畫的Ec設計公司主持設計師，當服完兵役還在思考未來方向時，巧遇同唸美術班後來進入室內設計領域的同學，於是便邀他一同創業，雖然合夥一段時間後，同學決定開創其它事業，他還是決定繼續個人工作室。

單飛後，遇到第一個問題便是客源，雖有零星老客戶，但案量仍有限。說也幸運正煩惱時，來往的傢具廠商主動來找，原來常遇到來看傢具的客人要求推薦設計師，於是找上Ec設計公司主持設計師合作，有了案源工作室也跟著穩定下來，陸續產出了作品，很快就引起室內設計雜誌的注意而開啟了媒體行銷，通過媒體報導果然又為他帶來不同的客源，也讓他意識到行銷的重要。

此時電視室內設計節目興起，看到他在雜誌刊登的作品，便主動找上門邀案拍攝，果然案量如潮水湧來，讓他見識到行銷的力量，於是開始了電視廣告行銷，自然也吸引了其它電視室內設計節目的業務來找，紛紛邀他投入廣告。由於缺乏行銷概念，加上電視平台先簽廣告合約有拍再付款的策略，公司又只有行政助理協助登記出入帳，讓他更搞不清楚公司實際的財務狀況，糊里糊塗地就簽下了好幾張廣告行銷合約。大量的投入廣告，讓Ec金設計公司的案量大增，理應公司財務是充裕，但奇怪的是每到發薪日，主持設計師還是得提心吊膽，擔心業主延遲付款讓他付不出員工薪水。又要管理又要做設計讓他左支右絀，便邀請太太加入團隊協助他管理公司。

太太一進入公司就發現助理所記的出入帳，根本無法了解公司的財務全貌，於是找來會計師協助開始作帳，這才發現公司早已入不敷出，原因並不是公司沒有案量不賺錢，而是所賺的錢都投入了電視行銷，一年竟投入了新台幣800萬元，問題是公司一年淨利都賺不到800萬元，難怪財務會發生危機。

Ec設計公司主持設計師這時才明白，原來經營設計公司案源、設計及工程能力固然重要，但更需要專業的財務，才能真正經營好公司。與太太重新整頓了公司財務，並建立了損益表、資產負債表、現金流量表、專案毛利表等財務報表，透過財務報管他更清楚公司經營的狀態，才讓當年差點就因不擅財務管理而差點倒閉的公司，成長為20多人年營業額破億的大型設計公司。

室內設計公司財務管理報表

雖說室內設計都是先收款再設計或施工，但並不是所收到的款都會進公司口袋，尤其是工程費用，很多都只是代收代付，賺的是工程發包管理的價差利潤。而且以人力智慧為主的產業特性，若無法精準掌控人力的時間效率，還很容易賠錢。更不要說一家公司通常有好幾個設計案在進行，錢進錢出的，A款B用或C用D款，若只是記出入帳，不要說不了解每個案子實際獲利的狀況，連公司整體經營狀態，到底是賺錢？還是賠錢？可能都搞不清楚。Ec設計公司主持設計師就是這樣，才會投入比公司淨利還高的廣告行銷費用，以致於入不敷出。

財務絕對是公司的命脈，建全的財務管理系統，不只幫助經營者了解公司實際獲利，更可以通過財務報表掌控公司經營狀態，知道什麼該做，什麼又不能做，才能讓公司經營走向永續。善用財務工具來管理公司，可以讓你事半功倍，哪些財務工具可以使用呢？在討論以下財務報表之前，首先要建立會計編製方法選擇的大原則。由於設計案進行都有其時間性，且收款多是跟隨工程進度而行，因此會計編製會以權責基礎來計算，而非是現金基礎。簡單來說，就是以權利和責任的發生決定收入和費用歸屬期的一項原則，凡是不屬於當期的收入和費用，即使款項已經在當期收付，都不應作為當期的收入和費用。會計報表很多，但以室內設計公司經營，建議損益表、資產負責表、現金流量表及專案毛利表是最基本且必要的。

室內設計
公司
財務管理
報表

損益表顯示公司時間內賺賠狀態

資產負債表看出公司經營狀況及資源

現金流量表顯現公司現金的流向

專案毛利表展現利潤控制的結果

損益表顯示公司時間內賺賠狀態：損益表（Income Statement）是公司重要的核心財務報表之一，透過獲利及支出了多少費用，可以看出公司在一段時間內賺了多少錢。損益表主要分為收入、成本、費用及淨利。收入包含營業內收入及營業外收入，在上一章節也曾就不同業務型態的設計公司營業內收入進行討論，純設計業務型態的設計公司主要收入來自於設計費及監管費，而設計兼施工兼監管的設計公司則除了設計及監管費還有工程費，而採購服務及延伸專業跨域服務是室內設計公司常見的業外收入來源。以設計兼施工兼監管的設計公司而言，工程發包是直接成本，而薪資則為管理費用支出；對純設計業務型態的設計公司來說，則投入單案的人力及所產生的費用應視為成本。一般設計公司費用，主要為管理費用像是人事及銷售費用如辦公開銷所產生，若有營業外收入，其所產生的費用則歸於營業外費用，淨利＝收入－成本－費用－所得稅，所以通過損益表可以得知公司當下的賺賠狀態。

損益簡表（xxxx 年 1 月 1 日至 12 月 31 日）

營業收入	100
（減）營業成本	（60）
營業毛利	40
（減）管理費用（行政管理部門為管理和 組織經營所產生的費用，包含薪、獎、勞、健、退…等）	（10）
（減）銷售費用（在銷售產品、自製半成品和提供勞務 過程中所產生的費用，包含行銷費用、房租、運輸等等）	（6）
（減）研發費用（研究開發所支付的費用）	--
營業淨利	24
（加）營業外收入	--
（減）營業外費用	--
（減）折舊及攤提	（4）
稅前淨利（損）	20
（減）所得稅	（4）
本期（損）益＝獲利	16

資產負債表看出公司經營狀況及資源：資產負債表（Balance sheet）是財務報表的一種，由資產、負債、股東權益所組成。資產負債表分為左右兩邊，左邊是資產這包含了流動資產像是現金、應收票據、帳款及其它應收款，還有固定資產像是辦公室不動產、設備等及無形資產像是專利等等；右邊上方為負債這含括短期或長期的借款、應付票據或帳款及其它應付款等；右邊下方則為股東權益像是股本、保留盈餘及累計虧損都是。從左邊的資產可以看出公司資金運用狀況＝右邊的負債＋股東權益，資產負債表不只能看出公司某一時間點的經營狀況，還可以了解公司資源分布的情況，可以讓經營者更清楚公司有多少資源可以被應用。

資產負債表（xxxx 年 12 月 31 日）

現金	50		短（長期）借款	200	
應收票據及帳款	500		應付票據及帳款	50	
其它應收款	50		其它應付款	50	
流動資產	600	75%	負債	300	38%
固定資產	200	25%	股本	1000	
無形資產			保留盈餘（累計虧損）	（500）	
			權益（淨值）	500	62%
資產總計	800	100%	負債及權益總計	800	100%

現金流量表顯現公司現金的流向：現金流量表（Cash Flow Statement）是用來觀察一間公司，在特定期間內現金的流向，而一般公司現金流主要來是經營本業、投資買賣資產、融資投資借款收回及股利還款收回等活動而來。而經營一家穩建公司的鐵則就是本年度所生產的現金流量，是足以支應公司所有開支。對室內設計公司而言，每一個設計案的開始就是一個專案的開啟，專案專款專用是應該的。但因設計案多是並行，也不可能為每個專案在銀行開帳戶，而工程款大多為現金支付，很少開票期，設計公司若無法掌控好現金流，收款速度永遠比付款速度慢，很容易發生經營危機。近年來因為COVID-19突發的疫情，很多區域發布警戒讓不少設計公司因無法開工、施工（無動工自然就無款項流入），

現金流量表	第一年	第二年
營業活動		
向業主收取	500,000	400,000
支付供應商	(400,000)	(280,000)
其它開支	(100,000)	(50,000)
利息與其它支出	(20,000)	(10,000)
所得稅		
營業活動現金流入（出）	(20,000)	60,000
投資活動		
購置固定資產	0	0
投資活動現金流出	0	0
融資活動		
借款	100,000	0
發行新股	0	0
股利	0	0
融資活動現金流入	100,000	0
現金增加（減少）	(20,000)	60,000
初期現金餘額	5000	85,000
本期現金餘額	85,000	145,000

卻又要支付員工薪資及公司管銷，使得現金流發生問題造成危機。到底一家設計公司該準備多少現金才能因應呢？建議至少準備超過半年至一年，就算公司不開工，仍可支應所有管銷的現金，才能安然度過。若實在無法備有足夠的現金流，也要有發生危機時可借貸的銀行。

專案毛利表展現利潤控制的結果：收入－成本＝毛利，而專案毛利表是為了管控每一個專案執行結果，確保專案中每一筆支出都符合原估算成本，不會損及其預期毛利，才能讓經營者知道其利潤控制的結果。設計兼施工兼監管業務型態的設計公司，其工程毛利是重要收入，但因室內設計工程繁瑣，且報價、發包及管控的結果會影響毛利，且在工程進行中，不免有追加減帳，不管是業主主動追加或是設計師自行或錯誤修改都應計入成本中。若要確保收益一定要清楚專案毛利收支狀態，且在每一次專案完成後做差異的檢討。

專案毛利表（xx 路 x 宅）

	報價	估算	實際收付款	備註
收入	1,000,000	1,000,000	900,000	收款進度
拆除工程	(50,000)	(40,000)		
追加減				
泥作工程	(190,000)	(150,00)		
追加減				
水電工程	(130,000)	(100,000)		
追加減				
油漆工程	(150,000)	(120,000)		
追加減				
木作工程	(110,000)	(190,000)		
追加減				
鋁窗工程	(50,000)	(40,000)		
追加減				
毛利	320,000	360,000		差異檢討

專業財務是公司擴展的基石

會突然從市場消失退場的設計公司，通常不是因為業務量少或是沒控制好利潤。就如前面章節所提，設計公司其實易開難倒，主要原因就是不需要承壓太多製造成本，大多是先收後付且依進度收款，只要收款速度大於付款，且利潤控制不要落差太大，沒賺錢大不了就回到工作室型態，老實說，要在市場存活並不困難。

絕大多數發生危機的公司，案量通常都還比一般公司來得大，追探其原因都是出在財務管理，且最大問題都是付錢的速度永遠比收錢的快。經營者每天被案子追著跑，根本無暇理解公司財務狀況，錢來錢去的就更沒感覺，多是案量開始趨緩或有意外狀況需要拿出大筆資金才會發現，原來洞已經這麼大了。

絕大多數的設計師都沒有財務管理的概念，Ed設計公司主持設計師就很幸運，當他成立公司時，媽媽自然一肩扛起會計一職，協助他管理公司財務。初創業時，業務型態是以純設計為主，按出圖進度收款，帳務並不複雜，主要支出還是以人力為主，雖然量體較大的案子設計時間較難掌控，但因公司規模不大，管理上也都沒有太大的問題，直到Ed設計公司主持設計師因緣際會接下大陸長達三年完成的建築深化設計案。

在外派同事進駐大陸後，Ed設計公司主持設計師也展開跨海公司的經營，積極布局的結果，不只帶入了大量的案量，且因大陸土地遼闊，還必須再跨城市駐點，公司規模快速成長。於是便主動提醒他海外市場經營財務管理更為重要，但也相對複雜，考量媽媽的負擔，建議他另行找人協助財務管理。而他也立即回應招聘專業財會建立財務制度及報表，並導入e化，同時自己也學著看財務報表，讓他即便一年365天得飛200天以上，還是可以隨時掌控公司經營狀況。現在公司不只本業持續成長，在財務管理的支持下，還延伸專業帶入業外收入，成為多角化經營的設計公司。

5-3. 做多也要錢收得到才算數
收放款制度與工作流程的勾稽確保權益

從地產跨足室內設計，從沒在室內設計公司上過一天班的Ee設計公司主持設計師，對於室內設計有著極大的熱情，但對於室內設計公司的經營卻毫無概念。初創業時就一個人，從洽談、設計、收款、發包、監工、驗收等都自己來，在累積了一些住宅設計作品後，便開始展開行銷計畫。由於行銷定位清楚，果然引起注意，案量也隨之暴增。

室內設計是隨設計及工程進度收款，案量少時，管控收付款還沒什麼問題。等到案量一變多，白天量工地、洽談、跑工地，晚上想概念、畫設計圖、出報價單，就已經夠讓Ee設計公司主持設計師分身乏術，根本無暇管理財務及行政工作，只好再找進助理來協助記帳等繁雜瑣事。由於助理並不負責設計及工程進度，不只收付款金額及時間得依Ee設計公司主持設計師指令，連追加款的增減，也都只有主持設計師最清楚。案子源源不絕的進，銀行帳戶的現金卻沒有等比增加，漸漸地現金缺口愈來愈大，直到有一天終於跳票了！

初聽聞Ee設計公司跳票時，著實吃了一驚，每個月都有設計案完工拍照，怎麼可能財務會有狀況。一個星期後，接到了主持設計師的電話，才知道源由。原來他從來沒有按時收過款，反而常常是業主來催他收款；工程中的追加款也常搞不清楚，很多時候都是工班送來帳單，才知道花多少錢；而面對不只裝潢過一戶的老業主，因有一定程度的信任，收款就更不上心。雖然有助理可協助，但也都要他知會才能收款，工作流程跟收款進度根本沒有勾稽。還好公司業務量大，帳戶始終都有錢進來，雖然偶而現金流會接不上，但不致於會造成太大缺口。

這次會出事主要是因為一位已經設計過2戶的台商老業主，要他先將位在市中心的50坪起家厝重新翻修，準備回台定居，誰知完工後，老業主公司財務突然出狀況，付不出裝潢費，光代墊的材料、工資、設備費

用就高達新台幣500萬元。之後又陸續發生裝潢結束後，業主不認追加款，由於追加款過程中，未事先報價更沒有要求業主簽名認帳，收款速度永遠比付款慢的結果，財務當然出狀況。所幸在清點應收、應付帳款及現金流後，逐一收回逾期應收款項，並請工班廠商延遲應付款項，才讓他度過危機。經過這一次教訓，他終於明白，案子多沒有用，最重要是錢要入袋！

室內設計公司收款制度的建立

就如同前面章節所提，案量少或是毛利差，甚至報價有問題造成單案賠錢或是尾款10%老是被卡住，都還不致於會造成室內設計公司立即性的經營危機。但錢付得永遠比收款來得快，或是公庫通私庫都不知錢花到哪裡去，現金流量始終都搞不清楚一直在補洞的設計公司，常是說垮就垮，而且垮的很多都還是業務量不低的公司。做再多也要錢收到才是真，收放款制度要與工作流程勾稽，才能確保獲利，以下是收款制度建立必須考量的：

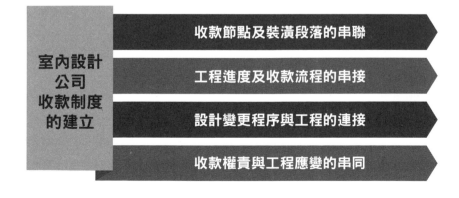

室內設計公司收款制度的建立

- 收款節點及裝潢段落的串聯
- 工程進度及收款流程的串接
- 設計變更程序與工程的連接
- 收款權責與工程應變的串同

收款節點及裝潢段落的串聯：室內設計公司不管其業務型態，設計約和工程約都應分開簽定，再依進度收款，其收款方式是依設計段落及工程進度而定。合約一簽下，第一期款就應到位，再依約定的段落來收款。一般設計約分2～4次收款，而工程約至少分4期收款，通常是第一期：簽訂合約後，支付總工程款之30%。第二期：木作進場時，支付總工程款之30%。第三期：油漆進場時，支付總工程款之30%。第四期：完工驗收時，支付總工程款之10%。收了款就代表階段工作一定得完成，且要讓業主滿意，否則就難以收到下一階段的款。但裝潢工程過程中，常有變數，最怕是與業主溝通不良或是彼此認知有差距，若勉強完成工程，耗損的成本不管是人力或是金錢都難以估算，有時適時喊停是必要的。當無法合作下去時，如何安然退場，又不會造成雙方撕破臉走上法律途徑，需要極高的手段及智慧。若擔心自己做不來，最起碼也要做到不要造成業主困擾，讓他方便後續找人接手。建議可以調整收款方式，不一定要依工種進場來設定，以依裝潢段落來收款，保留進退場的空間更為彈性。

工程進度及收款流程的串接：室內設計多是先收款後施工，能收款代表上一階段工作已完成，但因為負責設計、監工及收款不一定為同屬部門，工程進度和收款流程若沒有串接，就會發生先施作後收款的狀況，負責收款的部門尚未收到通知，工程部門就已進行下一階段施工，若工程順利很快結案也就還好，但最怕過程中工程有狀況或是與業主溝通有障礙，工程拖延的結果，很容易造成現金缺口。Ee設計公司財務最大問題就是內部收款機制未建立，財務管理不當是比業務量不足更致命的。工程進度及收款流程的串接，除可透過內部表單外，也可運用階段驗收機制。在進行下一階段收款前，若能與業主通過驗收達成共識，包含進行追加減的設計及追加減價的確認，也能降低尾款被扣押的風險！

設計變更程序與工程的連接：很少有設計不在施作過程中變更，即便前置設計規劃得再完整，都可能因工地現場狀況，或是業主需求改變，甚至是設計師的突發奇想而有變化。追加減設計幾乎是難以避免，而隨

設計調整衍生的便是工程變更及所造成的追加減款。任何追加減設計都
會改變最初的簽約金額,也會影響成本結構及毛利的計算,設計公司必
須謹慎以對。要與業主確認變更範圍及金額,才能進行下一階段的工
程,否則很容易造成糾紛。Ee設計公司財務管理的另一個問題,便是沒
有對追加減款進行確認及管理,不僅錢收不回來,最後還得與業主對簿
公堂,落得兩敗俱傷。

收款權責與工程應變的串同:錢收得快付得慢是人的天性,即便是專
作C端個人一般住宅以現金支付的設計公司,還是有收不到款的風險,
最常見就是被扣10%驗收尾款,那就更不要提付款程序複雜又以票期
支付的B型企業組織,承擔的被倒帳風險是更大的。雖然在合作前設計
公司都有簽署合約,有基本的法律保障,但等到錢收不回來才動作也是
太晚!在依階段收款時,若真的遇到不付款的業主,收款的權責和工程
應變一定要一致,千萬不要財務部門還在與業主協商付款,設計或工程
單位卻仍持續出圖及施工。業主不願或拖延付款必有其因,一定要先解
決,進度才能再往前推,即便是熟客也是一樣,Ee設計公司財務最後的
一根稻草,就是來自於老客戶。建議在簽約時就應明定付款期限及超出
期限可採取的行動,若真的發生也才能保障公司權益。

第1堂 策略目標
第2堂 品牌創建
第3堂 業務分工
第4堂 採發管理
第5堂 財務利潤
第6堂 留才組織
第7堂 創新研發
第8堂 關係管理

錢收得快工算準
獲利自然高

深知獲利關鍵在於工程,有著工地豐富經驗的他,在每次新案開工時,總會在工地待個幾天,觀察外包施工隊施工狀況,了解其施工程序、速度後,就去找施工隊的項目經理(台灣稱工頭)談判,要求將原本報價給業主10天完成的工程,縮短至8天,多的兩天工資就和項目經理平分。由於他熟稔工序工法,所要求的施工天數都在合理範圍,項目經理若能配合提早結束工程,還能多賺一天工資,何樂而不為呢?這使得他的毛利始終高於其它設計公司。

講求獲利的Ef設計公司工務總監,不只透過工程管理來提高施工毛利,更重視收付款銜接的精準。由於一般工程隊是以週薪結算且必須現金支付施工人員,為了爭取更好的發包價格,付給工程隊的款項一定是不能拖延,若不想為業主代墊工程款項,收款就更為積極。除了透過合約來保障自身權益,工程過程中,若業主無法按期支付工程款項,他可是毫不猶豫就依合約停工,即使再熟的熟客也是一樣。

面對C端家裝設計市場,且業務型態以設計兼施工兼監管的設計公司,因為主要利潤是來自於工程,若經營者具備工務專業背景,其實更能掌控獲利。不同於一般室內設計公司多由主持設計師擔任經營者角色,Ef設計公司真正經營者是該公司的工務經理,曾在建設公司及室內設計公司擔任工地主任的他,在弟弟求學期間就鼓勵學習室內設計,在還無法全案設計施工之前,主要是配合接純設計案的設計公司施工,直到弟弟進入產業才正式成立室內設計公司。

憑藉著收款比付款快,加上精準的點工點料,讓Ef設計公司的淨利硬是比其它設計公司多出5%以上,可維持在20%。雖沒有爆量的設計案,也沒拿過任何設計大獎的獎項,人員也始終維持8人以下,但卻是最賺的小公司。

5-4. 錢不能只進口袋還要運用
獲利合理分配才能讓公司永續經營

學美術設計的Eg設計公司主持設計師畢業後，進入知名百貨公司專為進駐百貨公司的廠商設計櫃位，後因結織連鎖店經營者便離開百貨公司，協助設計連鎖店面。不論櫃位及店面設計都很搶時效，必須要快速完工，超高壓的工作超出身體負荷，讓他決定離職先回家休養，期間經朋友介紹而接了住宅設計，後業主又將他介紹給地產代銷，就這樣進入了地產設計，因面對的是B型企業組織業主，必須開發票，逼得他不得不成立公司。

完全沒有財務概念的他，在面對合作多場的代銷公司請求借用支票時，也沒有多想就答應了，直到銀行找上門才知道，所借的支票竟然被拿去抵押借款，這時他才意識到財務無知的可怕，莫名欠下千萬債務，被逼得只能與銀行協商還款。為了早日還清債務，他與地產商合作設計裝潢樣板屋，雖然利潤不高但量大時間又快，讓他可以快速周轉現金。深深體會財務管理重要的他，不僅自行進修財務專業，同時成立財務管理部門並建立財務制度，讓他在還款的同時能兼顧到公司營運的現金流量。努力了幾年終於還清了大部份的債務，公司年度結算開始獲利。深知公司若要持續擴展，盈餘不能只進經營者口袋，必須妥善規劃分配。於是他將公司年度結算獲利分為三個部分，一是他個人紅利，二是作為給資深主管紅利，三是轉回公司運用投資。

由於過去為了快速還清債務，即便毛利低的裝潢屋都得接，但這類案子只能衝量，無法提升公司設計品質及毛利。此時豪宅市場起，Eg設計公司主持設計師心裡明白，若想介入豪宅設計市場，必須接到豪宅樣板屋的設計。雖然一直以來主要目標市場都是地產代銷公司，可是面對沒設計過豪宅的Eg設計公司，關係再好的業主也不敢貿然找他設計。於是他主動跟負責的代銷公司提出合作方案，由他先行設計裝潢豪宅實品屋，等到實品屋售出再拿回裝修費用，等於由他代墊實品屋費用，代銷公司

何樂而不為呢？便同意他來承接。Eg設計公司主持設計師投入新台幣800萬元用心設計，不僅讓公司有了第一間豪宅作品，更吸引不少買屋人指定設計。6個月後豪宅實品屋也售出，順利拿回代墊裝潢費，Eg設計公司就此轉型成為豪宅設計公司。

室內設計公司的盈餘分配

室內設計產業特質就如同麥克‧波特（Michael Porter）對零散產業的描述：公司執業規模不明確、中小型充斥；公司執業型態不明確、多半未上市；欠缺市場領導者來雕塑產業風貌；無法形成規模化集中；需要嚴密協調；本地化管理趨向；重個人服務和近距控制。因為這樣的產業特性，讓多數經營者在面對盈餘處置時，多是進入經營者的私庫，較少有擴張策略性的思考。但若能轉換思維妥善運用盈餘，進行策略性的分配，公司發展就不需要靠機會牌，可以更主動達成策略目標，就像Eg設計公司一樣，若沒有主動跟代銷公司提出代墊實品屋裝修設計的費用，又如何能爭取到豪宅設計的機會，又怎麼有第一件豪宅設計的作品，可以讓他跳脫只做毛利低的裝潢屋呢。盈餘該如何分配才能有利於公司發展呢？

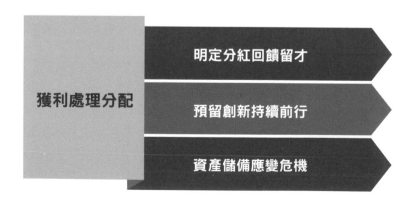

獲利處理分配

明定分紅回饋留才

預留創新持續前行

資產儲備應變危機

明定分紅回饋留才：室內設計做的是「買空賣空」生意，靠的始終是人，但也因為此特性，使得設計師創業容易，留才一直是室內設計公司最大課題。面對留才，很多室內設計公司會提出分股的思考，但真正實行的公司卻是少之又少，除非公司已上市。主要原因是股權分配涉及法律，並不是單純的財務所能解決的。股權一旦釋出是不能隨意收回，必須要有買回的配套機制，否則一旦擁有股權員工離職，那股權也會隨之外落，所以分紅是常見的留才方式。不同於一般年終或績效獎金，分紅是股份公司在盈利中每年按股票份額的一定比例支付給投資者的紅利。雖然員工不是投資者也沒有股權，但若能讓員工清楚公司盈餘關係自身收益，對於中高階主管是具有一定的留才效益。Eg設計公司主持設計師就明定提撥45％的年度餘盈，分配給幾位具有管理職的主案設計師，因而大大降低高階人才的流失。

預留創新持續前行：雖說室內設計公司並非製造或科技業必須要研發新產品，但創新仍是室內設計公司重要課題。任何創新都必須承擔風險，即便是室內設計產業是先收費再設計或施工，不需先付出研發成本，但毛利的耗損是不可避免，而這會直接影響到公司的現金流量。若將每年盈餘適當分配，提高公司現金資產，就更有底氣可以去創新，Eg設計公司主持設計師能先墊付豪宅的裝修費長達半年，就是因為過去盈餘的累積，讓他有機會可以晉身豪宅設計師。

資產儲備應變危機：公司經營都有風險，而風險並非全來自於人為，以這兩年全世界流行COVID-19為例，疫情來得又快又急，警戒一下就拉高，且時間難以預測，根本難以控管。突如其來的風險，考驗的是設計公司資產及資金的應變能力，不論資金或資產都很難一下到位，平時就要有所積累。室內設計公司最大支出除了人力外，就是辦公室租金，若能將盈餘轉化為資產如購置辦公室等，若真的遇到不可抗拒的風險，資產還可以換現金，提升危機應變的本錢。

10%法則
墊基公司發展

出身空間設計的經營者，其養成訓練多只在於設計本身，如何把設計做到位、做到極致，是他們的目標。從設計角度這絕對是應該的，但經營公司和做設計不一樣。若真的非常熱愛並享受設計的樂趣及成就，我通常會建議不如找一家你也認同的設計公司，成為經營者倚重的主案設計師，反而更能發揮長才，且多數經營者對於有才能又有忠誠度的員工，也會很樂意付出來留才。經營管理是需要投入時間，一旦決定成為經營者就要有覺悟，做設計的時間一定不會多，而且為了讓公司永續經營，也一定不會只做你想做的「好」設計。

Eh設計公司是由三位非出身空間設計本科的設計師所共同成立，也因為跨領域進入，在經營公司時，不會只以設計作為唯一考量，因此不論在業績成長或是公司規模擴展速度都比同期成立的公司快許多。彼此有共識也很清楚經營目標就是要走向大型設計公司，獲利不能只進私人口袋，必須再投入營運，公司才可能持續發展，便訂出了10%法則。

雖說室內設計公司是先收再付，但仍需要現金流的周轉，且公司發展過程中，突發狀況難免，需要現金流支撐。從初期案量不多獲利有限時，Eh設計公司便訂下規矩，收到款後，要從中先拿出10%的金額，轉入公司儲蓄帳戶，日積月累下竟為公司存下一筆不少的現金。所以當公司接到第一家地產代銷公司來電比案，要求先代墊實品屋費用時，他們也能輕鬆應對，後續也接到不少看到實品屋買屋屋主委託設計，加速作品累積的速度。且不只如此，他們在編列設計專案預算時，還會從總經費中抽掉10%，讓執行設計師不會有拿多少花多少的心態，更能去思考如何透過創意去達成目標。從最初的3人，到現在超過20人的規模，一間辦公室坐不下，到上下樓層有三間辦公室，Eh設計公司這三位跨領域組合的經營者，更加印證了我多年的觀察，跨域及互補永遠是合夥最佳組合，才能帶入不同的資源，更重要是跳脫同溫層的思考。

5-5. 錢不會從天下掉下來要追
年度預算做比對才有目標完封業績

在與太太共同創立Ei設計公司之前，Ei設計公司主持設計師曾與朋友一起合夥經營個人工作室。兩人先後從原來大型室內設計公司離職，都沒有開業的經驗且出身設計專業，對於經營管理當然也沒有特別的想法，就各自接案。說是合夥，不如說是共用辦公室及共享資源，靠著親友及熟客介紹，一案接著一案倒也還算順利，直到Ei設計公司主持設計師結婚，兩人才拆夥各自成立公司。

Ei設計公司主持設計師的太太Karen，擁有MBA學位，在進入室內設計產業前，投身於製造及貿易產業，歷練過行銷、財務及人資等管理工作，有著專業經營管理經驗，婚後跟隨先生一同創業擔任營運總監，首先提出的便是行銷的開展。她認為太過依賴客戶關係帶入案源，遲早會遇到瓶頸，她希望能藉由行銷來擴展案源。於是找上《漂亮家居》雜誌藉由媒體廣告來行銷，果然帶入大量案源，很快就由工作室擴展為小型設計公司。

由於台灣室內設計公司多偏向中小型規模，主要核心運作仍以設計師為主，所以當公司人數超過5人，Karen提出要求招聘財務人員時，Ei設計公司主持設計師曾一度反對，認為應該招募設計師來紓解案量，但Karen認為財務管理是企業管理的基礎，公司要長期發展絕對不能忽略財務制度的建立。隨著財務人員進入與跟進收款，不只更清楚公司收入、成本及費用結構，了解每個案子的毛利，對於現金流的掌控也更為精準。

由於設計公司最大的成本就是人力，而室內設計的流程服務又非常耗費人力，業務量和人員的平衡是非常重要，不可能旺季案量多就找人進公司，淡季就把人資遣，如何更精準掌控公司營運，Karen依過去在其它產業的經驗，在年初即製作出室內設計公司年度預算表，作為當年營運

的目標。首先她將費用做整理,了解公司必要性支出數字,再依過去接案金額水平及案量,參考大環境的景氣變化,推估出案量目標,並逐月檢討得失,若有落差便及時調整行銷策略,以穩定當年度營收。在導入經營管理及品牌行銷思惟,至今創業已近20年,公司年年持續穩定成長,規模也從當年的工作室,成為超過20人中型室內設計公司了。

室內設計公司年度預算的制定

誠如前面幾個章節所言,室內設計產業不像製造產業一樣有產品可製造銷售,只要所生產的產品為市場所需,就能從製造的產品數量,去推估銷量算出可能的收益;更無法像貿易產業,能就市場需求買低賣高,賺取差價獲利。室內設計販售的是腦力創意及流程服務,雖有已完成的空間作品可作為行銷,卻很難掌控推廣後可能得到的效益,且吸引來的業主能不能留下變數也非常大。變因過大,因此較難像其它產業有依循的估算機制去制定年度預算,可針對一段時期(通常是一年)內所需的收入和支出做出預測,同時用來檢討當年度的得失,並讓組織有可計算的目標。

但很難不代表不能做或是不用做,雖然室內設計無需投入成本製造,卻是高度依賴人力資產,且有一定支出的管銷費用,若毫無計算是很難做好營運,且更重要是也沒有依循的方向。室內設計公司要如何來製定年度預算呢?以下三種方式提供:

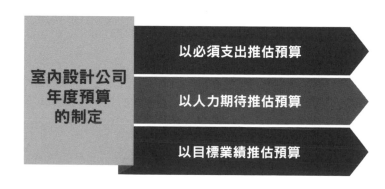

以必須支出推估預算： 參考去年度公司營運支出的成本包含人力直接成本、獎金、退休金、勞健保等，以及費用像是行銷、租金、房租、物流、交際、交通、員工福利、文具用品等等，再以過去平均接案的金額來推估今年度必須要承接的案量及總金額，並依淡旺季列出每月應達成案量，逐月或季來做檢視。不要只做當年度還要與去年度做比較就更清楚公司的成長狀態。這是偏向保本的年度預算編列方式，適合公司成立之初使用，可藉由年度預算的目標，讓公司營運走向穩定。

以人力期待推估預算： 從所用人力推估應得的收入做為年度預算的依據，以員工每小時所使用的成本來推算：年薪除以總工時2080所得的每小時成本率，總工時扣除其特休、病假、國定假日得出預估工時：成本率×預估工時×利用率×目標乘數＝該名員工可帶入的預估收入。若以年薪新台幣100萬元為例，其每小時成本率為480元，其預估工時為1,904天，其投入直接工作時數稱為利用率若為0.9，而公司期待他創造的價值為3倍，則480×1904×0.9×3＝2,467,584元則為該名員工可帶入的預估收入。一般純設計因收入金額不若承接施工的高，其目標價值多在3～4倍間，含施工及監管其目標價值則可設在6～8倍間。從所用的人力去算出公司應得的獲利，可避免公司在快速成長過程中，過於專注於案量的消化，而召募過多人力，反而造成壓力迫使公司必須承接不符合定位的設計，形成惡性循環。以人力推估出年度預算目標後，仍要參考去年支出及費用，落實於每月的損益表，再以平均接案的金額來推估今年度必須要承接的案量，並依淡旺季列出每月應達成案量，逐月或季來做檢視。

以目標業績推估預算： 相較於以上兩種年度預算編列方式，以成長目標來推估年度預算是較積極的作法。可以去年度總營業額，訂定出成長％數，如去年總營業額為新台幣2,000萬元，若設定成長10%那今年就必須年度預算總額就必須做到2,200萬元。成長％數的設定是由經營者自行決定，其可參考整體經濟環境去做預估，或是已預接但未實現的案量來推估，可能的成長。訂出成長幅度後，仍要參考去年支出及費

第 1 堂 策略目標　第 2 堂 品牌創建　第 3 堂 業務分工　第 4 堂 採發管理　第 5 堂 財務利潤　第 6 堂 留才組織　第 7 堂 創新研發　第 8 堂 關係管理

用，落實於每月的損益表，再以平均接案的金額來推估今年度必須要承接的案量，並依淡旺季列出每月應達成案量，逐月或季來做檢視。

做好年度預算表後，還必須以月或季來做檢視，並依此來調整營運策略，才能精準掌控公司經營狀態（請見下圖）。Ei設計公司營運總監Karen深知公司要有計畫性的成長，年度營收不只要穩定更要有目標，便與財務一同設計製作出年度預算表，且逐月檢討並隨之修正，讓人力及接案量依其計畫逐年成長。

	收入	成本	毛利	人事開銷	辦公開銷	折舊攤提	利息收支	稅前盈餘
一月	實際數							
	預算數							
	去年同期							
二月	實際數							
	預算數							
	去年同期							
三月	實際數							
	預算數							
	去年同期							
四月	實際數							
	預算數							
	去年同期							
五月	實際數							
	預算數							
	去年同期							
六月	實際數							
	預算數							
	去年同期							

有願有力
更能激發潛力

從個人工作室一路拼到落地兩岸的大型設計公司，Ej設計公司主持設計師是我見過少數用「生命」在拚搏的經營者。他不只是從零開始，而是從負數，因為識人不清而造成工作室虧損，就如他自己常言的，他沒有退路只能「背水一戰」。在獲得媒體行銷資源快速接案，到還清帳務並成長為小型設計公司的那段時間，他幾乎是以公司為家。由於設計公司非常依賴人力，尤其選擇的設計兼施工兼監管的業務型態。案量多時，若沒有足夠的人力，硬靠經營者自己支撐，不只公司難以成長，也很容易造成自身耗損。但若人力過多，又會影響公司獲利，而裝潢又有淡旺季！所以Ej設計公司主持設計師一直掙扎於人力與案量，一度讓公司陷入停滯狀態。

因為第一個案子就是我報導的，所以每當公司經營有問題時，他都會來諮詢我的意見。聽完他的問題，我第一句話問，公司有沒有做年度預算時，他是這樣回我的：「室內設計公司不可能做年度預算，我怎麼知道什麼時候會有人來找我做設計？而且也無法掌控他們的裝潢預算啊！」聽完這句話換我很驚訝，沒做年度預算，你怎麼知道你公司一年要賺多少錢才夠支付你的管銷費用？又如何能掌控公司的人力配置？更重要沒有檢討能進步嗎？經營公司又不是在玩大富翁，靠機會、命運（哈！當然機運也是有的啦！）。

於是我要他去了解自己的案源（請見第二堂課品牌創建）都來自於哪些通路？並盤點每個通路的佔比及所投入的行銷費用；同時告知他，設計師行銷自己永遠是作品，從現階段作品能吸引到的客層去拉出平均接案金額；再從這兩年的管銷及現有人力去抓出成本費用支出，就可回推出年度接案金額及案量，並依淡旺季落在每個月，要他依月或季檢討。講完後，他問我：「若當月或季業績落後怎麼辦呢？」我回他：「你可以消極坐以待斃，也可以積極開發案源，就看你囉，有願才有力！」顯然他把話聽進去了，才有今日之成就。

康老師談「財務與利潤」

對於室內設計公司的經營者而言，企業永續發展是最重要的社會責任，經營企業永續發展的基礎就是確保獲利與降低風險。對於獲利這件事，不只是拼命爭取案源而已，善用財務報表工具，才能有效的監控營運狀況，讓利害關係人都能獲得合理的財務報酬。

有三個重要的財務工具有助於獲利管理與績效提升，分別是損益表、現金流量表、與資產負債表。室內設計產業傾向以專案來執行，所以了解專案毛利率有其必要性。經營者心中要常想著攸關企業成長的三條線，也就是損益表中由上而下最重要的三條線：分別是最上面的**營收線（upper line）**，以及最底下的**淨利線（bottom line）**，以及中間的**毛利**。

1. 營收成長代表室內設計公司的接案數量增加或是專案總價金額提高，這些都代表該公司有獨特價值與市場吸引力，因此創造出更高的營業收入。但是追求大規模案量或是聚焦高價的豪宅裝潢所帶動的營業額成長，不代表一定能獲取更高的利潤。總營業收入中減去營業成本（直接成本）、營業費用（間接成本），才是本期的營業淨利，當然還要考量業外收入、業外費用、折舊與攤提之後的稅前淨利，繳完營利事業所得稅之後才是本期的淨利，代表本年度中經營所成，獲得的最後利益也就是損益表最底端的淨利線。

2. 另一個需要關心的指標就是毛利，不管是以設計費為主或是以設計
   兼施工和監管的營收模式，都需要知道設計、工程、施工等直接相
   關的營運成本是多少。毛利是所有利益的根源，只要確定有銷貨毛
   利，該公司就有一定的獲利能力。毛利不僅是獲利能力的來源，而
   毛利的多寡也決定營業費用的配置與運用。

3. 營業費用是經營室內設計公司的間接成本，設計師如果是以工作室
   模式營運，往往毛利就等於營業淨利。當公司案量愈多，員工人數
   增加時，這些間接成本對於維繫企業的發展就會愈來愈重要。包
   括：人事費用、行銷支出、研發預算、房租、材料耗損與折讓等費
   用，都需要納入考量。甚至有些固定支出不會因為案量變少而可以
   隨時刪減，一旦業績有所變化，就會變成財務上的負擔。所以，營
   收成長與營業費用之間的平衡，是企業可以穩定成長的基礎。

有時候從損益表中看到的獲利並不是以現金基礎來計算，這時候需要
有現金流量表協助管控風險。營業收入中包含了應收帳款部分，如果
帳款到期卻無法收回，就會造成呆帳損失。應收帳款的時間若是拖得
過長，或是集中在幾位大額客戶身上，一旦變成呆帳就會造成嚴重的
衝擊。因此，經營者應認清有現金流量的獲利才是真正的獲利。有紀
律地利用財務分析工具與內部管理流程，顧好現金流量與最後的淨
利，確保經營的成果都能順利入袋，才能讓所有利害關係人，包括股
東、供應商、員工、客戶等都能獲得合理的利潤分配，讓企業永續經
營的目標成為大家眾志成城的目標。

第 6 堂 留才與組織經營
人才是設計公司經營命脈

室內設計是以人為本的服務業，屬腦力及勞力高度密集的產業，依靠的是設計及服務的知識資本，人力資本對室內設計公司而言，不只是知識資本的核心更是競爭力所在。但或許是因為創業門檻相對較低及設計人對自我實現追求較高，留才已成為室內設計公司經營最大問題。

除非追求的是非常個人化設計（員工的存在只是為了幫助實現個人的設計），始終堅持工作室型態，**走向品牌化是絕大多數設計公司的選擇，目的是透過群體的力量，將設計價值最大化，進而在市場長久立足。組織管理不只可讓團隊運作，更是留才的基石。**組織管理包含組織結構及組織文化，組織結構猶如骨幹決定分工、控制、協調，會決定用人的條

6-1. 選對才有機會留住才：專業技能、個人特質與組織文化的取捨

6-2. 育才有方才能成好事：從指示、委任到教導人要好用就是要教

6-3. 晉才要多元才有效益：從定位、發展到評鑑有前景才能留住人

第1堂 策略目標

第2堂 品牌創建

第3堂 業務分工

第4堂 採發管理

第5堂 財務利潤

第6堂 留才組織

第7堂 創新研發

第8堂 關係管理

件；組織文化則是靈魂觸及是非、對錯、善惡，影響著群體價值觀及工作經驗，這關係著人力資源管理的方式，更牽動人才的流動。

人力資源的管理包含選才、育才、晉才、留才，選對人才有機會留住才，選才不是只考量專業技能，個人特質及組織文化的相容性更不可忽略；從指示、教導到委任，**用對位子效能才能加倍，人要好用就是要教**；從組織的定位、發展到評鑑，看得到前景人才留得住；給錢、給位子更要給成就感，**留人更要留心，才能留住真人才。透過這四個維度的綜效管理，讓事得其人、人盡其用並盡其力，發揮團隊力量達成目標。**

6-4. 留心留人方有才可留：留才不只要給錢、給位子更要許個未來
　　　康老師談「留才與組織」

6-1. 選對才有機會留住才
專業技能、個人特質與組織文化的取捨

相較於其它設計公司創辦人，Fa設計公司主持設師可是足足打了15年的工，才正式成立自己的事務所。歷練了兩大國際建築設計事務所，甚至還為其中一家創立了室內設計部門，就是因為懷抱著創業的夢想，又深知光靠設計力開設計公司，其實是不足的。期望未來的公司能在經營與設計間取得平衡點，所以他一邊鍛鍊自身的設計能力，同時從旁觀察公司該如何治理、策略該如何擬定。

即便已做足了準備，第一年創業仍陷入了差點無案可接的窘境。原本想延續過去大事務所的人脈，轉化成為新公司的案源，未料到客戶認的是公司品牌，而非認人，開業一年竟然只接到一個案子，還是舊客戶因人情給的私宅設計案。無法仰賴舊客戶的案源，就得趕緊開發新客戶。體認到自己擅長設計而非市場營銷，不同於一般個人工作室召募的第一名員工必然以設計助理為先，他反而找了行銷業務的人才，協助開拓案源才逐漸步上軌道。而這段經歷除了讓他深深體會，設計公司經營品牌的重要，同時也覺知到公司召募人才應著眼於所需專門才能的「專才」，而非要求設計師成為十項全能的「通才」，若是如此，很快就會出去開業了，所以重點不是對方多麼優秀，而是對方究竟適不適合，適才適用才是最重要的。

立穩市場後，因跟隨客戶前往上海設計該公司總部，預見大陸市場未來的發展，便積極布局，以香港為設計總部，負責概念及方案，再透過於上海、深圳及北京所設立落地的辦事處，進行深化、落地監管，不只快速累積作品，業務量更呈現飛躍性成長，組織更是從當初與業務的兩人團隊，進化成超過90名夥伴的設計公司。由於Fa設計公司主持設師過去

曾長期在設計公司擔任管理職，深知設計人在乎的不外是實質的待遇、團隊的歸屬感及個人的成就感。除了給予合理薪資、績效獎金，還有年度分紅；也透過每月的例會，讓員工分享當月所發生的事，把員工當做家人，建立團隊的凝聚力；作品對外曝光時，讓參與重要人員具名，共享榮耀。多管齊下的留才策略，甚至仍有3名元老級員工，已任職超過25年。穩定的組織管理，讓Fa設計公司即便面對如急流般的後浪湧上，仍能屹立於市場。

室內設計公司選才策略

必須說選對人，留才就成功一半！但在選才之前，必須要確認公司品牌對於人才的吸引力。就如前面章節所提，設計公司的品牌分為消費者品牌及行業內品牌，消費者品牌指的是公司在大眾消費市場的定位，品牌定位關係著客層及案源；而行業內品牌則是指公司在行業內的位置，其品牌力主要來自於公司（或是創辦人）作品的高度及其影響力，而這會連動公司的徵才，特別是剛進入行業的新鮮人，對於行業內品牌多有追求，指標設計公司相較更容易吸收到優秀人才，而這也是行業內品牌的附加價值。但對於已在行業內多年的人才，行業內品牌倒不一定是他們選擇的目標，反而是公司的願景、發展性及薪資、福利才是關鍵。

一般設計公司多以現況來挑選必需且適合的人才，較少會去思考未來公司發展會需要什麼樣的人才，究其因主要還是經營者的思維。相較於其它產業，設計公司多偏中小型，產業雖也會受外在環境變化而起伏，但因組織規模較小應變相對靈活，案量多，就找人消化案源，案量少，就縮小規模，經營者普遍缺少未來的前瞻性。但不論台灣或是大陸室內設計產業現都已從成熟期逐步進入衰退期，市場走向過度競爭已是必然，經營者必須要更長遠的思考及規劃。

第 1 堂 策略目標

第 2 堂 品牌創建

第 3 堂 業務分工

第 4 堂 採發管理

第 5 堂 財務利潤

第 6 堂 留才組織

第 7 堂 創新研發

第 8 堂 關係管理

任何組織發展是邊走邊想，然後作出重要的選擇，而在這之間組織架構也會隨之調整，人才管理不管選、育、晉、留就得環環相扣，尤其是選才，是依經營者個人的需求、還是對員工的責任，或是公司發展都得思考清楚，才能找進對的人。前兩者在選才時就要跟工作條件同步，必須考量專業技能VS.個人特質與組織相容程度；若期待跟公司發展同步，選才就要再加入潛力VS.實力來做綜合評量，才能在組織轉型過程中應援適合的人力。

選才員工試用評估表

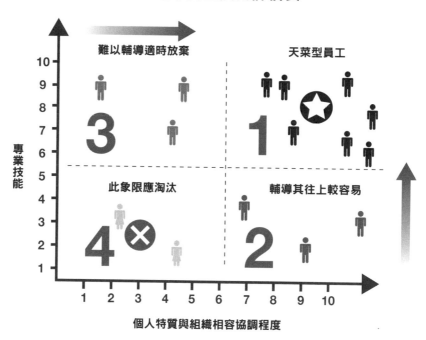

跟工作條件同步—專業技能VS.個人特質與價值觀：選才時主要有兩點考量：一是有形的設計專業技能像是繪圖、工程等等能力，技能的養成主要還是跟資質潛力及從業的訓練、時間、經驗有關，專業能力較強者雖進公司後能立即上手，但不代表其真正的潛力及實力。二則是無

形的個人特質及價值觀，這會決定其與組織文化相容的程度，當然更關係著其留才時間的長短。

對組織而言，要如何來評量呢，可用XY軸定位法來做進一步的評量。以水平X軸代表價值觀與組織的相容程度，垂直Y軸作為專業技能，將其分為四象限，從右上（1）、右下（2）、左上（3）、左下（4）進行編號：右上（1）代表著設計專業技能高，且個人特質及價值觀與組織文化的相容協調程度也高，這對經營者而言絕對是天菜型的員工，當然列為首選，只是這樣的人非常少；右下（2）設計專業技能雖不算高，但個人特質及價值觀與組織文化能相容，也是很適合選入的人才，而且這樣的人，只要給予適當的培育，假以時日是有機會可以晉身到（1）；左上（3）專業技能雖高，但個人特質及價值觀卻可能與組織文化相違背，這樣的人雖能立即上手用但卻難留，且必須更為慎用，因沒有處理好與組織文化衝突，很容易造成組織的矛盾，甚至引發其它員工的流失；至於左下（4）既無專業技能且個人特質及價值觀又與組織文化不相融，應該在第一時間就要淘汰，要知道選錯人要付出的代價往往不低。這四象限表格不只適用於選才，也可以用來檢視現階段員工的狀態，才知道該如何進行下一階段人才的培育。

跟公司發展同步—潛力VS.實力：若以公司發展的未來性來選才，在選才時除了上述的專業技能VS.個人特質與組織相容程度外，還必須從實力及潛力來做評量。實力是指現在看得見的能力，潛力則是公司未來發展項目所需具備的特質，實力與潛力所需的能力及特質，得視公司未來所期待發展的項目而定，經營者自己必須對公司發展的願景有所想像及規劃，才能找到對的人或是把對的人擺在適合的位子。

一樣用XY軸定位法來做進一步的評量，以水平X軸代表實力，垂直Y軸為潛力，將其分為四象限，從右上（1）、右下（2）、左上（3）、左下（4）進行編號：右上（1）代表現具有相當的能力，而其特質同時適合未來需發展的項目，設計公司要留住這樣的人才，就要給予明確的發展目標；右下（2）代表有一定的能力，經營者可以透過提示或指示，讓在此象限的人能轉變思維，開發其潛力；左上（3）極具潛力，但實

第1堂 策略目標　第2堂 品牌創建　第3堂 業務分工　第4堂 採發管理　第5堂 財務利潤　第6堂 留才組織　第7堂 創新研發　第8堂 關係管理

力尚未充足，只要計劃性的給予培育提升能力，就能組織所用；左下（4）既無實力也缺潛力，建議直接淘汰。此表格不只適用於選才，同樣地可用來檢視現階段員工的狀態，經營者可預先做好分類，才會更清楚下一階段的人事布局。

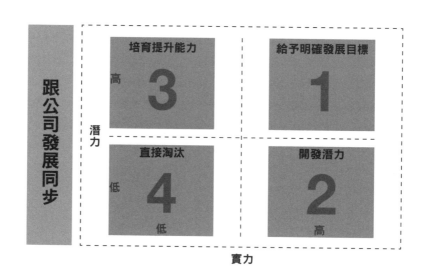

#寶姐經營共學

專才與通才的選擇

或許是因為設計公司創辦人多從個人工作室起家，加上相較於公司名，有著鮮明人設的個人，確實是更容易被記憶。剛進入室內設計產業時，絕大多數設計公司都是主打主持設計師，少見打團隊名，Fb設計公司是少數一出場就走品牌打團體戰的公司，也因此引發了我對Fb設計公司營運的興趣，多次採訪及溝通，不只為我奠基室內設計經營的概論，更與其主持設計師結為莫逆之交。

在成立設計公司之初便決定走向品牌化，在業界打滾多年，Fb設計公司主持設計師深知室內設計的本質就是服務業，而服務很難單靠個人，隨著公司規模及量案擴張，勢必要走向分工服務打團體戰。且組織的存在若只為成就個人，就組織而言也較難形成團隊意識，反而容易造成人才留失，為免業主認人不認品牌，也為組織人才的延續，對外一律使用公司名，看不到個人的名字。

自己就是出身於建築名校，Fb設計公司主持設計師深知優秀的設計人，對於成就感的追求，不會只在於所設計的空間，更多是個人品牌的建立，且設計能力越強的人，對於自我的名聲追求更高，最後都會獨立出去開業，並不適合打團體戰。所以他從召募人才開始，就從選才條件上控制反向變數，如：太優秀、名校畢業的不用、想出名的不用、開過業的不用等等，團隊還規定穿著特定顏色衣服，包含他自己，用此來營造團隊意識，避免形成設計明星文化。對他而言，選擇組織所需的「專才」，絕對比十項全能的「通才」更適用。通過選才條件的設定，找進來的人雖未能百分之百的符合組織文化，但能留下來的人，也必然能夠認同組織理念。

除了選才篩選出適合組織文化的成員，Fb設計公司主持設計師也會透過教育訓練來提升成員的專業能力，且全力支持員工進修，會給予彈性時間，讓同事可以準備專業證照的考試。隨公司品牌持續成長，案量不斷增加，不只提升員工未來性，對於在組織內部成長已遇瓶頸的設計師，Fb設計公司還會輔導內部創業，由總公司給予人力、財務、案源的資源，降低創業風險，協助其獨立運營，也讓公司開枝散葉延伸出不同定位的品牌。

第1堂 策略目標　第2堂 品牌創建　第3堂 業務分工　第4堂 採發管理　第5堂 財務利潤　第6堂 留才組織　第7堂 創新研發　第8堂 關係管理

6-2. 育才有方才能成好事
從指示、委任到教導人要好用就是要教

剛入行時，大陸家裝設計市場是連收設計費的觀念都沒有，Fc設計公司主持設計師只能選擇傳統裝飾公司，而且一待就是10年，從設計助理、設計師做到市場、營運總監，並曾在互聯網家裝平台的做到設計運營高管的職位，對裝修設計行業有深度瞭解後，決定出來創業。

在互聯網家裝平台就職的經歷，讓他對用戶需求和市場趨勢的把握更加敏銳。感受到消費者對家裝住宅設計的品質要求只會愈來愈高，讓他在當年還是以免費設計為主流的市場，毅然地開始收起了設計費，且從未將設計費作為裝修費抵扣，也從不做設計費打折。敢這樣憑藉的就是落地能力，設計稿做得再美、再有創意，項目落不了地，便無法獲得消費者認可，公司難以建立品牌形象，就無法長久在市場站穩腳跟。而這也影響著他培育人才的方式，所有新進的人員，都必須要從設計助理做起，要去工地和師父和水泥，瞭解水泥的比例；木工師傅在施作時，也要在旁邊學習工藝。當施工隊無法完成時，設計師也要有能告知施工步驟的能力，才能確保客戶「所見即所得」。因設計及落地能力強，讓他在家裝設計市場轉變時，公司也跟著迅速地成長茁壯。

深知設計公司創辦人不能將所有工作攬在自己身上，Fc設計公司主持設計師因此將公司人才分為設計、營銷、管理三大類，並依此招兵買馬。Fc設計公司每年在畢業季會舉辦大型招聘進行筆試及口試，考進來的從實習生做起，雖是設計公司但並非每個人都適合當設計師，所以必須到各部門實習並輪崗，結束培訓後，再依對人員潛質的觀察，分發到不同部門。若是分派到設計部門，下分概念、方案、深化及執行，從協助執行落地的設計助理做起，逐步成為助理設計師才可進行圖面的深化，要能獨立執行方案則要進階到設計師，而專案設計師則主要做概念的發

想，每一級的晉升都必須經過考核。在培訓、升職過程中，除了安排考核，也給予豐沛的學習資源，像是提供學習課程供設計師自我精進，或是對設計師到外參加學習課程給予實質補助。若是設計師發展成熟，想要自行設立工作室，Fc設計公司也鼓勵內部創業，由公司分派助理設計師、工程團隊協助，隨著同事回鄉自立門戶，Fc設計公司也逐漸在大陸各城市開枝散葉。

室內設計公司育才策略

沒有不能用的人才，只有不知如何教導及混亂的管理。雖說找對人，留才就成功了一半，但必須說，培育方式不對或是組織管理鬆散，就算找到對的人，也會因為放錯位子又或者是工作滿意度太差而流失。室內設計產業性質複合，設計時需要創意屬文創業，落地施工時講工序、工法歸營造業，看似所設計的空間是其產品，但其實提供的是設計服務又算是服務業。室內設計公司從業人員多為創意型人才，無論想法或思考都需要給予較多的空間，過於壓抑反而適得其反，當然相較也難以管束。可是落地和服務要做到位，必須要有嚴密的流程管控，若沒有給予規範很容易就失控，在在都考驗著管理者及被管理者。尤其現今面對的新世代員工，原生於虛實並行的數位時代，無論成長環境及價值觀都有明顯的世代差異，已難用過往的方式來管理。但不管如何，人才要好用，就一定是經過有系統的培育，絕不能任其野蠻成長。由於室內設計從設計到落地，需要的不只是專業還有經驗，在設計公司人才培育最好的工具就是「業師」的指導，也就是公司有實戰經驗的員工、主管或老闆本身，只是沒人天生下來就會當老師，要教人也要有方法，且要懂得因才施教。建議將人才區分為初階及進階，依指導**四進程方法──指示→教導→委任→支持**，給予不同輕重的培訓及引導。

第 1 堂 策略目標　第 2 堂 品牌創建　第 3 堂 業務分工　第 4 堂 採發管理　第 5 堂 財務利潤　第 6 堂 留才組織　第 7 堂 創新研發　第 8 堂 關係管理

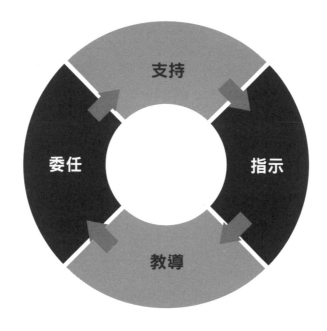

初階人員首重教導：即便本科系畢業，學校所教導的與實際執行仍有極大的落差，因此初階人才的界定是以有無實務經驗為判斷。對於初階人員一定要給予明確的「指示」，此階段的人員常不具備執行的能力也無意識所工作的內容，因此必須具體說明所指派的工作內容及其所欲達成目標，要多明確呢？人、時、事、地、物一定要掌控。**「人」包含什麼人要去執行、有誰共同執行要說明白；「時」不只是啟動，還要有預定結束時間及預計執行總時數；「事」則是所執行的工作內容細節及欲達成到的工作目標；「地」在哪裡執行及可能花費的交通時間都要說清楚；「物」說的是資源，有什麼資源可使用或是需要再補充什麼資源。**在完成指示後，最好要請其再複誦，也確認指示是否有正確傳達。

完成明確的「指示」後，就要進行「教導」。在此階段就要教導其完成指示工作，要如何教導呢？**第一說明指示工作的執行方式**，以最基礎的

現場丈量放樣為例，要教導測量方式，如何使用測量尺、測量儀及記錄尺寸等等方式；**第二是給予執行的次序**，說明從開始到結束的順序及位置，讓丈量人員知道逆時鐘還是順時鐘位置開始，才不會重覆；**第三界定執行的範圍**，說明執行工作的細項及範圍，使其了解測量的細項及總量，便於丈量人員檢視成果；**第四輸出執行方法**，明確給予成果呈現方式，例如放樣原始圖；**第五確認回覆方式及對象**，是要發信或是用社交通訊軟體或紙本印出，還有要回覆給哪些人等等。從指示到教導並非一次就能到位，隨時都可能得退回起點，必須要不斷練習，進而培養成工作習慣。

進階人員側重支持：當員工能明確完成「指示」及「教導」的任務，也表示其已取得初階晉升為進階人員的門票，可以再委以較重的責任，此時最重要的訓練便是「委任」。能進入委任階段的人員表示已有一定的經驗，可以獨立運作或是在協作下完成任務，不需要像初階人員一樣給予明確的指示及方法去執行，但委任並非放任，委任必須配合目標及獎懲。**目標是設定在時間內想要達到的結果，重點不只在於結果還包含時間，因為在空間設計，時間是最大也是最容易被忽略的成本，要讓委任的人員明確清楚目標才知道如何規劃並設法達成。但光有目標仍難確保任務完成，須有獎懲配套，才能激活動力，讓人員樂於被委任。**

只是人員從初階到進階憑藉的不只是時間，並非資深待得久就一定可以執行進階工作，這必須依其資質、個性及特質而定。若是「委任」卡關，就要再退回「指示」及「教導」重複訓練。最後則是「支持」，對於能予以委任的人員，表示已可獨單一面，管理者此階段所能給予的便是支持，透過精神、言語、資源、獎勵或是願景的支持。

建議管理者可以自行畫出**指示→教導→委任→支持四象限圖，將現行人員依其執行狀況填入，若發現人員始終停留在特定階段，而無法往前進，就要思考是否在執行時沒有具體步驟可供參考，使其一再打轉。若是每到「支持」，人員便流失，那就要思考是否公司所能給予的支持是否已無法滿足人員需求了。**

第1堂 策略目標

第2堂 品牌創建

第3堂 業務分工

第4堂 採發管理

第5堂 財務利潤

第6堂 留才組織

第7堂 創新研發

第8堂 關係管理

師徒制悉心培育
橫向多元開展

剛接觸大陸室內設計產業時，或許是因為產業正值快速起飛期，總感覺行業內彌漫著難以言喻的躁動氛圍。年輕世代抓緊機會，急著在產業「斬」露頭角，面對直直追來的後浪，中生代更只能往前擴張接案，即便是立穩江湖的大師，都還是戰戰兢兢。像Fd設計公司創辦人這樣，在英國完成室內設計學業歸國，沒有立即創業忙著求名，反而進入當時大陸少數收取設計費的家裝公司且一待就是十年，那真的是少之又少。

認為在任何一個行業中，都需要五年以上的沉浸式學習，才能成為該領域中的佼佼者，且要讓設計落地，必須有長期配合的施工及設計團隊，都需要時間及經驗的積累，所以Fd設計公司創辦人，給自己訂的時間就是十年。其間面對急速成長的市場，他更潛心磨練自己，期許自己開業後，成為不需要投放廣告，便可以接案的設計公司。

創辦人的意志決定了企業文化，這完全顯現在Fd設計公司的育才方式。在培育設計師時，他採取「師徒制度」規劃長達三年的培訓計畫，而這些以「師徒制度」手把手帶出來的助理，在日後他決定創業成立公司，也都跟著他一同出來打拚，並成為公司日後擴張的基石。

Fd設計公司創辦人，不只依職位擬定培訓計畫，在過程中，還會觀察其個人特質，為其規劃在公司的發展之路。在創業後，他又陸續發展出負責深化及施工的子公司，並將子公司分別交由如同徒弟般的子弟兵，由其來擔任主事者。把重要任務交託給值得信賴的夥伴，讓不同小組朝向專業化發展，這不僅給予他們表現的舞台，更讓他們有機會成為股東，一共分享成果，而這也是為何他雖然創業比同設計師晚，卻可以迅速成長擴張的主因。

留才從招聘新人就開始，因為目標是培養能久待、有忠誠度的夥伴，所以並不在意當時的能力，而是人品和潛力。師徒制度則建立主管與員工的情感連結，並依其特質及意願規劃在公司的職能發展。好的設計需要時間，好的設計公司經營者也是如此，即便身處躁動的時局，願意細火慢燉，還是能風生水起的，所以。不。用。急。

6-3. 晉才要多元才有效益
從定位、發展到評鑑有前景才能留住人

還在唸建築研究所就因接了親友委託的設計案，一腳踏入實務的空間設計，並因該案而獲獎，初試啼聲便成功在設計圈打響知名度，順勢就成立工作室，在宿舍客廳開始了執業生涯。信奉「當你準備就緒，其實為時已晚。」人生座右銘的Fe設計公司主持設計師，面對事業發展的任何機會，總是能大膽把握嘗試。也因為這樣的性格，讓他在拿到碩士學位後，就將工作室擴展成設計公司，招募了第一批員工。

由於從沒待過事務所或設計公司就創業，所以招來的員工也都是初踏出社會的設計新鮮人，不論年齡及資歷都差距不大的狀態下，說是老闆和員工的職場關係，工作起來更像是學長帶著學弟妹的學習模式，也因為如此，彼此之間都有著生命共同體的認同感。所以4年後當公司因緣際會地承接下大陸設計案，甲方要求要有人長駐北京時，兩名一畢業就進入Fe設計公司，已可以獨立操作計案的設計師，便主動請纓外派駐點，讓公司得以踏出台灣，進軍大陸。

為了讓外派設計師能安心在外地工作，不只薪資、獎金連同生活起居包含宿舍，公司都一手打點。有了兩位專案設計師駐點坐鎮，加上Fe設計公司主持設計師勤於奔波，不到10年就在大陸3個城市擴點成立分部，兩位專案設計師也因此晉升為公司的高階主管，帶領團隊執行設計業務。正當公司業務持續拓展時，原從台灣外派駐點協助他打下大陸市場的其中一位專案設計師，卻自覺自己設計及管理工作已遇瓶頸無法再突破，想再嘗試其它泛設計的工作便提出辭呈。此時，Fe設計公司主持設計師正準備將觸角伸向包含策展、建築、室內、工業（產品）設計及陳設軟裝設計……等泛設計領域，於是提出慰留並讓專案設計師轉調帶領新事業發展，不只留才，也讓團隊的整體方向，逐漸跳脫以「空間」為主軸思考的設計公司，為不同類型的業主提供全方位、一體化的規劃。

3年後，Fe設計公司主持設計師又有機會再往東南亞其它國家拓展市場，考量大陸各分部都已再培養出在地的主管及設計團隊，他決定將另

第1堂 策略目標　第2堂 品牌創建　第3堂 業務分工　第4堂 採發管理　第5堂 財務利潤　第6堂 留才組織　第7堂 創新研發　第8堂 關係管理

一位一路跟隨他至大陸拓點的專案設計師拔擢成為合夥人，並外派至海外，協助他再下一城，啟動公司另一階段的成長。

室內設計公司晉才策略

設計沒有標準答案，反映在公司的經營管理，多數設計公司的經營者在留才與組織經營原本就較為鬆散，且相較於其它產業，少見規模超過百人的超大型設計公司。當然市場的大小也會影響設計公司的規模，像台灣較集中於6～15人小型設計公司及16～30人中型設計公司，大陸則以16～30人中型設計公司及31～50人中大型設計公司較多。由於組織規模較小，層級容易模糊不清，在晉才上常無明顯差異，容易影響留才的績效，加上創業門檻低，更使得人才流失快速，而這現象在台灣相對更為嚴重。在現今自立門戶創業已漸成風氣，晉才雖不一定能留才，卻可延長人才留用的時間，設計公司可以通過權責區分確立職能所需、層級分層定位發展目標及評鑑績效多元組合激勵等晉才策略來達到延才的目的。但必須說這些都只是手段，最重要還是回到公司的持續發展，有可實現的願景，才是給予員工留下來一起打拚最好的激勵，像是Fe設計公司就是屬於成長型公司，從台灣擴展至大陸甚至東南亞，才能讓兩位專案設計師在面臨工作瓶頸、倦怠或轉換職能時，仍有其它選擇，讓自己的職涯可以跟著公司一起成長。

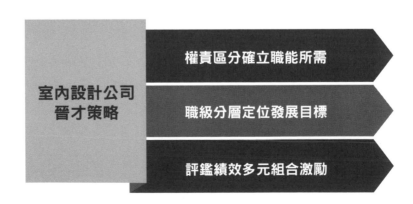

權責區分確立職能所需：就如前言，室內設計為複合性產業含括創意、營造及服務等性質，即便選擇純設計的業務型態，設計公司從準備概念提案，到接案後的方案、效果、深化及現場協助業主落地管理，必須要面對及處理的事就已非常龐雜，就更別提設計兼施工兼監管業務型態的設計公司，後續進行工程報價、發包、監工等等事宜更是多如牛毛，這還不包含非設計的行銷、商務、財務、客服等等行政管理工作，正因為如此，權責的區分就更為重要，也才能進一步確立所需的職能，這不只有助於選才，對於現有人才也能給予提示及其未來成長的方向。權責區分就要明確的定義其工作內容，不只在招募時就要說明清楚，後續的績效考核也都必須以此為主，由於權責區分與工作內容，與設計公司的目標市場、業務型態及分工模式有關，必須依公司實際業務的執行去設定。以下是就設計公司核心工作設計師的職級其及職權、職能觀察所做的工作內容摘要，經營者可以此作為增減的參考。

第一級 主持設計師（或稱設計總監）

1.確認目標市場及營運方向

2.設定並開拓公司業務來源

3.擬定和推動公司的短程、中程及長程規劃

4.建立組織結構並確認分工

5.掌控組織垂直控制及水平協調運作

6.創建品牌並透過行銷拓展市場帶領成長

7.監管公司營運所需的人力資源、行銷企劃、財務行政及專業能力提升

第二級 專案設計師

1.帶領專案將概念落實平面方案，並與主持設計師、業主、工班進行溝通

2.監管設計內容並協調業主，以確保符合其期待

3.掌控整體設計方向包含材質及形式並與主持設計師確認

4.整合美學風格包含傢具陳設物件等

5.管理專案收付與支出確保利潤

6.管理和指導設計及施工團隊

7.負責監督圖面整合及施工品質

第 1 堂 策略目標　第 2 堂 品牌創建　第 3 堂 業務分工　第 4 堂 採發管理　第 5 堂 財務利潤　第 6 堂 留才組織　第 7 堂 創新研發　第 8 堂 關係管理

第三級　設計師

1.執行專案的平面方案整合效果輸出

2.統整設計進行報價分類

3.進行設計細節包含材質及工法確認

4.協助專案設計師進行發包

5.準備施工圖說

6.協助設計助理依圖說進行細部深化

7.協助主案設計師進行現場施工監管

8.協助進行硬裝材質及色彩等確認及軟裝陳設的挑選

9.書寫工作日誌和報告紀綠，並且統整專案所需的相關文件和通訊

第四級　設計助理

1.依確認效果圖及施工圖說進行工程圖深化

2.依確認方案效果圖搜尋包含硬裝及軟裝的相關供應商資料

3.依報價項目向供應商洽詢報價和訂貨事宜

4.協助設計師監管工地並回報

5.協助設計師進行專案進度管理並回報

6.製作並記錄現況、專案時程及業主回應做成追蹤報告

職級分層定位發展目標：對於員工而言，選擇任職公司時，除了在意薪資待遇，對於自己能否有所成長也是非常在意。若能依其定位規劃在公司內的職涯發展，透過晉才機制也能延長留才時間。但相較於大陸設計公司，台灣設計公司組織過於扁平，受限設計師晉升管道，資深與資淺的員工往往只有薪獎上的差異，加上過於集中於住宅設計及一條龍式的分工模式，更易加速員工進入成長瓶頸，進而興起另謀高就或自行創業的念頭。運用人才分級機制創造員工晉升機會，在提高其職能的同時，也能達到留才的目的。職級分層建議最多分至4～5級，除了依上述權責區分工作內容以外，晉升的機制必須公開透明且有可依循的標準，至於晉升考核內容不外簽單率、作品率、利潤率，到客戶滿意度、設計費產量、效果圖與實景落地圖的差異等等，可依公司狀況自行設定。

評鑑績效多元組合激勵：晉才除了給予職級的晉升並以此提高薪資外，還可以透過有形的獎金及無形的精神激勵來達到目的。台灣設計公司多以結案獎金作為實質的激勵，而結案獎金的計算主要是依專案執行後的毛利或淨利來計算，多依職級或是分工程度發放。但也有設計公司引進「平衡計分卡」的概念，做多元化的績效管理，依職級設定不同的學習力、創新力和貢獻力等予以獎勵。而大陸設計公司多走提成制，細分工作項目並制定提成標準，這雖可讓多勞者多獲，但相對也缺少激勵。所以也有設計公司依所付出的勞力及績效轉化成可計算的積分，並與年底的績效、獎金直接掛鉤，員工能根據積分算出獎金，制度中也有升遷的機制，使工作更有目標與效率。至於無形的精神激勵則可以依員工個性分類，像是保守型側重有形獎勵，若能定期效果更加乘；創新型則可透過交付新任務，鼓勵學習並組建新團隊；謀略型則可充分授權，或施行彈性工作時間；人和型可結合優點，公開表揚他們對同事的友情與工作中的合作精神。

第1堂 策略目標

第2堂 品牌創建

第3堂 業務分工

第4堂 採發管理

第5堂 財務利潤

第6堂 留才組織

第7堂 創新研發

第8堂 關係管理

錢要捨得散，
人才會願意聚

必須說設計公司發展型態及規模多維繫於經營者的性格，當然還有他們的原生及際遇。雖說設計師出身的起點會決定他們未來的市場，但能一出場就往高端走的，畢竟還是少數，多數設計師都是從零起跑的，而且一路能順風順水的機率也趨近於零。

Ff設計公司的發展過程及主持設計師個人的際遇，若拍成電影不只勵志還帶著黑色憂默的喜感。Ff設計公司主持設計師可以說是從負數開始，開業沒幾年就因為過於信任一家長期合作的代銷公司及對金融財務的懵懂，換來當時如天價的債務，一肩扛下同時找銀行談判，才得以用分期付款的方式挺過危機。過程中，還曾發生誤接黑道大哥的住宅裝潢，尾款不但沒收到還被開槍警告，甚至有從政業主在裝潢過程中發生意外身亡，脫產的結果造成小三佔據財產，導致正妻無法支付裝潢款項而成呆帳等等事件。但他從地產的買屋送裝潢設計開始接起，一路接到接待中心售樓處公設，最後進入高端豪宅的設計，公司從不到10人的小型公司成為20多人的中大型公司。而且設計公司向來難留才，但他公司的設計總監設計師卻不乏一待十餘年的資深員工。

「財散人聚」，只有願意分享，才能留得住人。這話說的簡單，但要如何執行呢？Ff設計公司主持設計師表示，公司要走下去，關鍵在於主事者是否有自我節制力，且要讓一起打拚的同事獲得認同與成就感，就不能只是自己出名、同事出力，因此在發表案子的時候並列主設計師，讓業主也可以認識團隊成員，打造具向心力的企業文化。在財務規劃及利潤控管上，設計案與工程案都會提列工作獎金，作為專案團隊內的每個成員都領得到；此外，每年度結算後的淨利，導入分潤制，扣除40～45%進公司周轉金，30～45%作為主管紅利，15%才為自己所有，讓資深員工進階到管理職的角色思考，也讓同事看得到未來發展性。要做這樣財務就得要完全透明，所以他透過專案控管表，設定合理應得獲利比例，再扣除管銷、修繕及稅，得出成本後進行細項控管，每個專案執行者都知道案子的獲利狀況，不吝給成就感又捨得分潤，當然留得住人。

6-4. 留心留人方有才可留
留才不只要給錢、給位子更要許個未來

以「打群架」的概念共同創業成立設計公司，三位創始人皆為設計師出身的Fg設計公司，在面對走向成熟的室內設計市場，非常明白唯有眾志成城才能打敗紅利漸失的大環境。所以不同於其它設計公司邊做、邊看、邊調整的經營策略，公司剛成立三人就在思考如何建構一個能整合公司內部垂直水平關係，又可以留住設計公司最重要的資產也就是人才的管理系統。

自己就是從基層設計師走向創業，對於員工在管理上在意的關鍵點也很明白，除了固定薪資外，員工最怕的是辛苦付出，卻沒有得到應得的獎賞。所以他們就從設計公司的獎金制度著手。由於獎金制度常常沒有標準的公式，工作內容無法被量化的結果反而造成員工的流失，因此，模仿電動遊戲中的點數概念，依部門、工作內容還有參與的程度設定積分點數，並清楚地公布在員工資訊網，讓每位同事知道自己所做的工作應得的積分。積分就與年底的績效、獎金直接掛鉤，同事們不只能根據積分算出自己的獎金，且制度中也有升遷的機制，讓每個人工作更清楚自己的目標與達成的效率，同時解決跨部門合作時，協作績效不分所產生的矛盾問題。

獎金雖然可以延長留才的時間，卻無法真正留住人才。考量到公司獲利成長時，員工常無法得到相對應的報酬，若讓員工可以分得整個公司的成長紅利，這樣不只公平，也才能吸引優秀人才留下一起打拚，於是在公司即將邁入第6年時，三人著手建立開放式合夥人制度。只要入職超過一定年限，連續兩年業績都超過半數合夥人，加上現有合夥人的推薦便能成為內部合夥人。既然有加入也會有退出機制，以確保合夥人們始終在一個流動的戰鬥狀態，任何員工都能成為合夥人，多元有機的組成讓公司持續保持成長狀態。

第1堂 策略目標　第2堂 品牌創建　第3堂 業務分工　第4堂 採發管理　第5堂 財務利潤　第6堂 留才組織　第7堂 創新研發　第8堂 關係管理

除此之外，他們也建立事業部制度，讓每個部門都有機會成為獨立的經營體，由創始人及合夥人控股，再依部門的專長、興趣去創立，形成不同板塊，夠成熟的部門就能成為對外營業的公司，形同內部創業，彼此共同分享承擔利潤和成本。藉由這樣完整管理系統，也讓Fg設計公司在創業不到10年，組織規模就破百，成為大陸指標設計公司。

室內設計公司留才策略

誠如前言，室內設計產業創業門檻低，只需要有案源即可創業，加上設計師對自我成就的追求，相較於留才，如何延長人才留用時間確實是更為實務的思考，但不代表一定留不住才，而是留才必須更為全面，不只要給錢、給位子，更要許個未來。所謂給錢指的不只是薪資及獎金，還包含公司盈餘的分潤；而位子也不單是職級的區別，也涵蓋權利（力）的分配；至於未來，則是員工在公司事業版圖的定位發展。Fg設計公司從創業之初以公平公開的獎金制度結合升遷機制，讓員工清楚自己的績效及可達的目標，延長人才留用時間；再通過合夥人制度，讓員工可以分享公司成長紅利；最後再以事業部制度鼓勵內部創業，讓員工的專長及興趣得以發揮，同時擴大公司事業版圖。運用多元而有機的留才制度，帶動公司持續的成長。室內設計公司留才策略不外盈餘分潤、分權入股及內部創業：

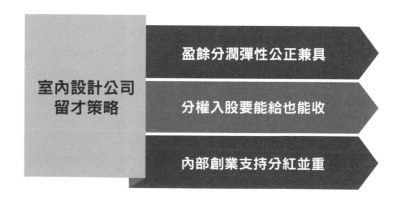

室內設計公司留才策略

盈餘分潤彈性公正兼具

分權入股要能給也能收

內部創業支持分紅並重

盈餘分潤彈性公正兼具：盈餘分潤指的是公司當年度稅後利潤的分配，一般都屬股東權益，較少分配於員工。由於盈餘分潤不受限於公司規模，較適合獨資及股東結構相對簡單的設計公司施行，為了激勵員工士氣並凝聚其公司向心力，有些設計公司會根據當年度盈餘狀況，分紅給予有功的員工，提高其熱忱及生產力。上一章節所提的Ff設計公司就是運用盈餘分潤達到留才目的，除了一般的薪資及獎金制度，主要主管職及行政管理職，會再依實際盈餘及績效運算彈性分潤，來降低重要職位員工的流動率。但因為盈餘非經常性且非固定金額，相對也會降低吸引力。若公司無遠景可期，在分紅取得後，反而會形成離職高峰。另外，分配若失公平性，也容易造成留才的反效果。

分權入股要能給也能收：分權入股也是設計公司常用的留才策略，不同於盈餘分潤，員工不需再自行自付成本，分權入股除了以技術股贈與員工外，有些設計公司會從獎金中抵扣。入股後，員工與企業必須共同承擔損益與經營成敗，同時因入股產生決策參與權，也可降低勞資對立，自然會形成生命共同體，提高員工離職的機會成本，且最重要有利於公司走向專業經理人機制來傳承品牌。但相對於經營者而言，股權也會被稀釋，自然也會影響經營權的掌控，且股權一旦釋出，不可任意收回，若與員工非和平分手，離職時很容易產生權股糾紛。所以要以分權入股作為留才策略時，除了要像Fg設計公司以入職年限、績效及推薦人來定訂入股制度外，同時也必須附有回收條件，要有加入也要有退出機制，以確保合夥人們始終在同一狀態下，才能確保公司持續成長。

內部創業支持分紅並重：不同於直接給予入股分權，內部創業也是近來室內設計公司常見的留才策略。內部創業有的是以副牌或是獨立品牌操作，有的則是以價值鏈延伸發展內部創業，Fg設計公司的事業部制度，則是兩者並行，主要以公司未來發展版圖為基準，再依內部創業者的專長、興趣去開展不同板塊，如此既可快速回應總體環境的改變，也可推動核心事業以外的多角化發展，建立新行銷通路之餘又能達到獲利成長的目標，最重要降低員工創業成本與風險，同時達到留才的目的。選擇內部創業來留才，經營者必須了解內部創業者是否具有創業潛質及

第 1 堂 策略目標　第 2 堂 品牌創建　第 3 堂 業務分工　第 4 堂 採發管理　第 5 堂 財務利潤　第 6 堂 留才組織　第 7 堂 創新研發　第 8 堂 關係管理

領導人的特質，對於公司未來的願景及目標是否清楚，還有對母公司市場是否產生排擠效應。只是內部創業員工欠缺事業所有權，也會降低其創業意願，權利義務關係要明確。另外，新事業體與母公司，可能產生制度與流程的不適應與衝突，要給予企業資源，但也要明確查核其成長與成本的目標，當然最重要的還是紅利分配和內部資本支持的雙重獎勵制度。

從傳承到「船沉」

在進入室內設計領域之前,曾跑過一陣子的房地產新聞,當時台灣的地產正走向高點,除了原有幾家老代銷公司,不少新創代銷公司也出來搶案,幾位知名代銷公司愛用專作售樓處、樣板房設計的室內設計師就更為熾手可熱,Fh設計公司的主持設計師便是其中一位,被譽為銷售保證的他甚至還躍升成為廣告明星,名字出現在銷售海報。由於《漂亮家居》雜誌創刊以住宅設計為主,沒什麼適當議題可接觸,直到圖書編輯部成立,鎖定幾位當紅的新銳設計師出版合集,才有機會進一步認識採訪。當時Fh設計公司才因在上海售樓處設計一戰而霸,正式落地進入大陸市場。接下來幾年,Fh設計公司主持設計師奔波於台灣及大陸間,就更難有機會再見。不過也因為新市場的擴張,使得Fh設計公司的組織規模更快速成長,除了大陸公司及原本的母公司外,又再成立另外三家子品牌的設計公司,成為台灣少數有能力發展正、副品牌的設計公司。

再見到Fh設計公司主持設計師是因為論壇活動的邀約,這才知道他早已著手在布局公司的傳承,為了留才他計畫在10年內將設計公司傳承給一起打拚的同事,讓他們成為公司合夥人,自己再慢慢退出公司經營成為創始股東。會成立副品牌設計公司的目的,除了擴大原有的地產及豪宅客群外,也希望藉此能訓練同事獨立經營公司的能力,並邀我共同來見證,還笑說若傳承不成,就直接「船沉」了。而為了顯示自己傳承接班的決心,他也同時宣布不再進公司。

Fh設計公司主持設計師果真不再進公司,只是人算常常算不過天,兩年後,原本屬意的接班人選,表明不想成為合夥人,無意積極管理又無共主的狀態下,公司管理逐漸陷入混亂。內鬥、黑函事件頻傳,當年意欲留才的傳承計畫,反而造成人才大幅的流失,迫使他出面一一結束子公司的業務,只留下立基的母公司。由於母公司品牌力強大仍有穩定的案源,本期盼有新局可以傳承,但最後仍因無傳人,而不得不忍痛宣告結束所有業務。從傳承到「船沉」,到底是制度所致?還是所託非人?身為旁觀者實在難以置喙,唯一能確定的是,傳承不是一蹴可成,也非既定不變,需要制度及時間的修正及驗證!

康老師談「留才與組織」

室內設計產業幾乎是以人為主的產業，尤其仰賴設計與創意人才的心力，人才發展與傳承攸關企業永續與成長。企業成長理論指出經理人主要的任務是提供「管理服務」，也就是運用企業內部資源以產生源源不斷的內生成長機會。經理人要有能力辨識外部機會，也願意運用內部資源實踐價值創造的活動，這樣的經理人不但有創業精神，同時也是組織內的「管理資源」，當管理資源耗盡或不能及時補充，就會落入成長的瓶頸與限制

室內設計公司創業者多身兼設計師與經理人的角色，縱使積極招募人才，室內設計市場進入障礙低且競爭激烈的產業結構，讓人才的培育與流動永遠是經營者頭痛的問題。人力資源管理是企業管理中基本的功能性管理之一，特別在疫情之後的缺工情形嚴重，這項功能尤為重要。因此，該如何選才、晉用、訓練、激勵留用，人才發展絕對是企業的策略性活動。

1. **選才與企業策略配適，企業對未來策略需求不同，選才偏好也各有差異。**如果策略選擇為C型客戶且為一條龍的營運模式，選才時需注意員工能力要通才型、擅長外部溝通與服務，以維繫客戶關係。相對的組織流程會以會計、客戶資料庫、品牌知名度為輔助。如果策略選擇為B型客戶且強調專業分工與彈性外包，選才時需注意員工能力要專才型、擁有證照、內部整合與協調，並強調團隊合作。相對的組織流程則以內部整合、外部客戶供應鏈協調、口碑營造為輔助。

2. **鼓勵員工進行廠商專屬投資，有助降低員工流動率。**員工若是在日常運作中花費較多心力學習該企業獨有的專屬知識，例如：獨特的產品知識、營運流程、以及於團隊彼此互動的默契，對於執行公司任務時會更有效率。不過，員工若投資在這類廠商專屬知能上，一旦轉職前所累積的專屬能力就無法在其他公司有同樣的價值，無形中變成一種專屬套牢成本，當轉換成本愈高，員工留任的可能性就會提高。因此，適度鼓勵員工投資於廠商專屬的知能，有利於留才。當然員工願意主動學習廠商專屬知能的前提，還是因為企業本身有多元的成長機會，讓員工看到企業成長的機會，才是最佳的留才誘因。

3. **創造組織平台的價值與發展機會。**員工是組織無形資產的載具，特別是組織中許多無法以書面文件記載內隱性的知識，或是作中學得到的經驗，多保留在員工身上，一旦員工離職就會發生斷層或是銜接不上的窘境。因此，適度將員工身上的內隱知識外顯化或書面化，轉換成組織層級的知識，降低對各別明星員工的依賴程度。當組織平台創造的價值大於員工個人創造的價值時，員工傾向留下，而非自行創業。

選才留才用人之前不妨先想清楚企業本身的策略選擇或定位為何，人才流動是產業的常態，室內設計師離職的去向不外乎轉職其他公司或是自行創業。留才是大學問，薪水報酬固然重要，但要先問企業本身是否能創造足夠的價值，所謂廟大不怕和尚大。當企業有足夠成長潛力，留下何種人才就是配合策略定位的思考。

第 7 堂 設計的創新研發
創新不只靠天分還要有策略

室內設計產業，既是文化創意產業，又屬營造產業，同時也是專門設計服務業。相較於其它製造或是服務產業，創新是絕對必要的。**若只著重於經營，不講創新，會無法持續進化；但只講創新，不談營運產值，又很難形成產業。**

不管對大眾或行業內的品牌經營，設計形式的創新都有其必要，當然對**於行業內品牌經營是更為重要，且必須著重於「持續」，每隔一段時間都要有設計形式創新。**但研發創新都是要付出成本的，若一家設計公司每個案子都要創新，毛利一定不會高，甚至還有賠錢的可能；此外，室

7-1. 創新不是只有設計：要跳出紅海就必須要全方位思考

7-2. 設計的持續創新力：要當設計網紅持續創新是必要的

7-3. 策略性的設計創新：設計開發一定是需要付出成本的

內設計公司創新設計的研發多維繫在經營者身上，而這也容易產生世代隔閡，在創新與營運及世代間取得平衡，是室內設計公司經營者必須要思考的。

設計形式的創新，雖有利於產業品牌的經營，但相對也較容易被模仿，競爭力較無法持久。若要**根本性創新，則必須從流程、落地、服務等等環節思考，才能拉開與競爭者的距離。**不管是形式或是流程還是服務，創新必須有策略，室內設計公司經營**第7堂課 設計的持續研發 ，教你不依賴個人天分，也不需犧牲公司利潤達到持續創新的目的。**

第1堂 策略目標
第2堂 品牌創建
第3堂 業務分工
第4堂 採發管理
第5堂 財務利潤
第6堂 留才組織
第7堂 創新研發
第8堂 關係管理

7-4. 創新團隊力的建立：三個臭皮匠絕對勝過一個諸葛亮
康老師談「創新與研發」

7-1. 創新不是只有設計
要跳出紅海就必須要全方位思考

建築出身的Ga設計公司主持設計師，很早就發現自己對於室內設計的興趣是遠高於建築，所以在離開建築師事務所後，便決定自行創業成立室內設計公司。跟絕大多數設計公司經營者一樣，從未受過營運管理訓練的他，在面對所有設計案都是把成就作品擺在第一位，也因此經常性地掙扎於創新與公司的營運，為了讓創新設計能落地，且零缺點展現，往往是不惜成本，每次結算的結果不是毛利不如預期就是賠錢，以致於公司不但無法得到應得的利潤，甚至數度造成營運的困難，但也因為他追求完美的性格，讓他深受業主的信任。

只是設計創新雖重要，獲利仍為公司經營的根本，看著先生每日早出晚歸，連假日都常必須配合業主時間而無法休息，公司竟然還不賺錢，這讓原本在大公司擔任財務主管的太太決心辭去工作，進入公司全心協助他營運管理。將設計與財務權責分工，由太太控管財務行政，這讓過去未曾從財務理解公司經營狀態的Ga設計公司主持設計師，透過報表上的數字，意識到經營公司不能再只著重於設計，必須要在創新與經營中取得平衡，才能讓公司永續經營。

由於Ga設計公司的主要業務多為商業零售空間設計，商場櫃位有營業壓力必須壓縮工程時間，為了搶時常得要求工班加班，光加班費就是一大成本，更不要說工資必須付現的壓力，若能有效率地縮短現場施工時間，必然可使得成本下降。於是他從流程及落地創新著手，除了更精細的丈量，連同過去習慣在現場的收頭收尾都在圖面上繪出，同時把將現場施作工程移至工廠，建立了標準化作業流程及施工方式，節省了時間與成本，提升了獲利，這才讓公司經營步上了軌道。

流程及落地創新雖然讓公司降低了成本並提升了效率，但商業空間設計競爭激烈，常為了爭取案子而必須削價。如何改變與客戶的關係，從靠客戶吃飯，變成客戶靠他吃飯呢？Ga設計公司主持設計師深知經營

B型企業組織業主，最重要的還是設計必須要能為其獲利，若能讓業主賺錢，其實業主是不會輕易換設計公司。於是他將品牌概念整合融入設計，不只建立設計邏輯，還延伸經營管理，反而與業主建立了夥伴關係，服務創新讓客戶更離不開他。

室內設計公司的全方位創新

創新是當今所有產業熱門的議題，面對數位時代改變了消費習慣及模式，疫情又加速了環境的變化，讓企業必須透過創新來維持競爭力，室內設計產業亦然。只是多數室內設計公司仍習慣將創新能力放在設計型式，較少去思考其它包含流程、落地及關係的創新。但必須說設計創新還是有其天分的限制，若要真正改變讓公司脫胎換骨，必須要跳脫只是設計創新的思考，要走向全方位創新。最重要是不同的創新帶來的紅利都不同，身為經營者要更全面思考，才能走向永續經營之路。

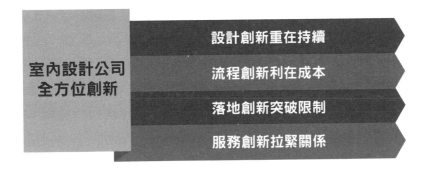

室內設計公司全方位創新

- 設計創新重在持續
- 流程創新利在成本
- 落地創新突破限制
- 服務創新拉緊關係

設計創新重在持續： 最能行銷設計師的永遠是其作品，不管是產業內品牌或是大眾品牌的經營都是一樣的。尤其是經營產業內品牌，更不能只有曇花一現的作品，必須要持續，而且每一次發表都要有創新的論述及思維，而非只是材質及工藝等形式的表現，才能獲得江湖地位！設計創新雖是室內設計公司經營之必要也是基本，但重點不只在創新而是在於持續，且必須要跨越世代具時代性，而有關於設計創新在接下來的幾個章節也會做深入探討。

流程創新利在成本：室內設計不論執行或是服務流程都相對冗長，即便是純設計的業務型態，從出概念、方案、效果圖到深化圖都得花上不少時間跟業主溝通討論，而工裝商空面對B型企業組織業主更是得打通層層關卡，才能完成設計，那就更不要說全案設計必須得從設計到施工到監管落地。流程過中有太多環節相扣，且必須耗費人力及時間來處理，而這都關係著成本支出。執行及服務流程的創新，可有效地縮短時間及人力，當然有助於成本的降低，並讓獲利提升。Ga設計公司就是透過創新製作標準化作業流程，改變了過去在現場與施工師傅討論收頭收尾的習慣，不只在圖面上繪出節點，並以精確的丈量來提升效率，達到成本掌控的目的。

落地創新突破限制：再厲害、再有創意的設計若無法落地，只能淪為紙上談兵。落地打的是團隊戰，必須要將每項工種整合到位並銜接，才能實現。但落地的變數多，不只要考量現場環境是否有利施工，隨著環保意識的提升，各地法令及工作時數限制也趨於嚴苛，還有世代工作價值觀改變所造成的缺工現象等等，再再影響設計的落地，要突破就必須要有創新的落地思維。像Ga設計公司面對零售商場櫃位營業壓力，必須通過日夜加班來縮短施工天數，不只得負擔沉重成本壓力，日以繼夜的工程方式也影響員工的健康，所以把現場施作工程移至工廠，創新了落地方式，節省了時間與成本，當然也就提升了獲利。

服務創新拉緊關係：室內設計是設計服務業，其本質在於服務及解決業主的問題，若做到讓業主滿意口碑建立，透過關係的自然行銷也會帶來不錯的案源，這尤其對家裝設計特別受用，所以客戶關係的維繫對於設計公司是非常重要。相較家裝設計，工裝設計的服務已不只在處理空間，更多是透過設計來幫助業主獲利，如何通過服務創新來拉緊與業主的關係，變成業主事業不可或缺的夥伴關係，是做工裝設計的設計公司經營者必須思考的。Ga設計公司將累積的零售商場設計經驗轉化成核心價值，融入品牌概念，改變了以往得靠品牌廠商給案才有業務進來，反而變成業主得依賴他設計與品牌整合抬高業績，從靠業主吃飯，變成業主得靠他吃飯。

設計公司的創新不只在於形式

談起創新，幾乎所有室內設計公司都會把目標放在形式：像是材質、工法或是風格等等，較少去思考，除了設計創新，還有什麼樣的創新，可以有助於公司的品牌經營及營運績效。

一個設計案的完成，所需的人力和時間成本都是相當高的，其中圖面設計更是設計公司心力耗費所在，從平面配置圖、立面圖、大樣圖到各工程、設備的點位圖等等，雖然電腦製圖帶來了便利性，依舊需要相當的人力才能完成。3D效果圖剛推出時，就意識到未來將會成為與業主溝通重要工具，但3D效果圖繪製曠日費時且多數設計師並不擅長操作必須外包，而最終成果與實際完成仍容易有落差。於是在多數公司都還在外包3D效果圖，Gb設計公司主持設計師就關注到一家創新數位科技公司將3D繪圖軟體應用於室內設計領域，於是大膽地導入雲端設計將其置入作業流程，並召募非設計的技術人員協作設計，過程中不可避免引發設計師的反彈，甚至還因此造成人員流動，但主持設計師仍堅持實行。

由於Gb設計公司主要經營地產樣板房、實品屋的設計，及後續購屋業主的私宅設計，而這套雲端設計系統內建完整建材、傢具及傢飾的模型，不但出圖時間較以往更有效率，且展示的效果逼近實景照片，讓業主更能充分理解設計成果畫面，大大降低溝通的誤差，內部設計作業效率也大為提升，設計公司向來最大的成本－人力支出也獲得控制，毛利自然較其它公司高。Gb設計公司透過技術的創新來帶動流程的創新，大大地提升營運的績效。

設計公司若只把創新放在設計形式，其實頂多只能做到產品創新，而產品創新風險性高，不一定有助於營運績效。要想在創新與營運取得平衡，經營者就必須將創新思維從設計延伸跳出，像上述的Ga設計公司就是在流程、落地創新，將現場施作移至工廠提升獲利後，擴展了業務量及設計項目才有後續服務創新。而Gb設計公司則以流程的技術創新起動改變工程流程，公司獲利於是大幅成長。創新不應只繫於室內設計公司主持設計師，經營者更不能只著於設計形式的創新，才能做到真正的創新。

7-2. 設計的持續創新力
要當設計網紅持續創新產品是必要的

創刊於台灣家裝設計市場成長初期的《漂亮家居》，因為入門學習誌的定位，溝通設計師與消費者，讓更多設計師得以透過報導被認識進而帶入案源，讓原本創業門檻就不高的室內設計產業，進入了新一波創業潮，Gc設計公司就是其中一家。在校時就開始接家裝設計的主持設計師，起步本來就早加上天分，很快就成為雜誌的明星。因為都以家裝設計為主，在大眾品牌有著相當的知名度，但在產業內品牌卻未能有所突破，於是他積極參加室內設計大賽。由於過去累積的作品相當多，Gc設計公司第一次就拿下多座設計大獎，迅速地建立產業名聲，這讓Gc設計公司主持設計師意識到參賽的重要，於是開始有計畫的參賽，除了台灣，也逐步地延伸大陸及國際設計大獎。

參賽說是容易，但要脫穎而出則需要持續地創新，擅長將商業空間元素引入居家的Gc設計公司主持設計師便透過每一次參賽展現其設計形式的創新，讓公司在產業始終保持高知名度。觀察到大陸室內設計產業市場正在形成中，看好其未來的發展性，加上創業時所培育的設計師也都可以獨立操作，Gc設計公司主持設計師便開始遊走在兩岸間。初進大陸時家裝設計市場才剛形成，對向來以家裝設計為主的Gc設計公司主持設計師而言，須付出更多心力經營。

在台灣都親力親為帶領同事進行設計，Gc設計公司主持設計師必須分身經營大陸市場，要如何持續公司設計的創新也著實讓他傷透腦筋！於是便拔擢內部已成熟設計師為主案設計師，以專案帶領團隊進行，他主要參與概念發想及方案形成，其它立面材質及形式設計則由主案設計師帶領設計師進行。隨著大陸家裝設計市場日漸成長，Gc設計公司業務量也跟著大增，並擴展至房地產等工裝設計市場，公司人數也從初創時的5人設計工作室，成長至兩岸近百人的大型設計公司。但最難得的是，在年輕設計師的數位優勢與主持設計師的引導下，Gc設計公司始終保持一定程度的創新，屹立於大眾與產業內品牌而不墜。

建構室內設計公司的創新基因

不可否認設計形式的創新仍是室內設計公司的核心，尤其是經營產業內品牌的設計公司，確實是需要透過設計形式的持續創新，來維持市場能見度及高度。當然也不是只有產業內品牌才需要創新，即便是經營大眾品牌，也不可能只靠著一招半式就搞定，自我的設計提升滿足業主對機能及質感的期待，才能讓業主更樂意將其轉薦給親友，這樣的創新才真正有助於收益。只是室內設計公司的經營者多為設計師，加上公司偏向中小型，習慣將設計創新能力維繫在經營者身上。但必須說設計創新能力與天分及能量有關。設計天分及能量高的經營者，創新問題雖較小，不過設計是與時俱進的，若無法跟隨時代（包含數位科技及世代差異）演化，也是很容易失去創新能力，那就更不用說本來設計天分及能量相較平庸的經營者。設計公司要維持設計創新能力，絕不能全壓在經營者身上，經營者需更有策略去思考公司的創新機制，若能建構公司的創新基因，並形成公司文化，不只能達到設計持續創新目的，還能延伸至流程及營運的創新。如何建構呢？五大重點提供：

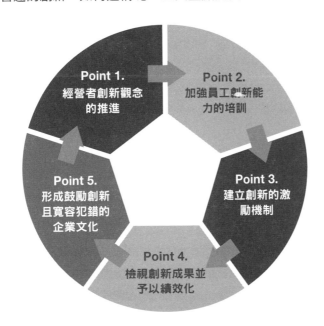

Point 1.經營者創新觀念的推進：設計公司設計創新基因建構的基礎，在於經營者的創新觀念及意識。經營者本身必須要有終身學習的意志及理念，不只要能夠建立知識結構且還能時時更新，而非只是一昧地靠自身的經驗或是固守原有的知識。尤其面對快速變化的時代，科技已經不只促成室內設計材質的推陳出新，更影響著使用者的行為模式及習慣。Gc設計公司主持設計師本身就有相當的設計能量及天分，在面對市場及公司擴張，無法時時待在公司，他除了將設計知識轉化成資料庫，並掌控核心的概念及方案外，同時善用年輕設計師數位搜尋能力及創意，還有對新世代生活模式及態度的理解，使得公司能持續保持設計的創新。

Point 2.加強員工創新能力的培訓：光有經營者具備創新觀念不夠的，要如何培養並加強員工創新能力也是很重要。當然有幸能招進有天分的設計師，是設計創新很大的助力，但也不用太高興，因為這種人通常都留不久也留不住。其實多數人的創新能力，都來自於後天的學習和訓練，期待員工有創新能力就要花時間去培育。除了專業知識訓練外，放大視野可以打破設計師的設計框架，安排看設計展或旅遊或是住五星級飯店等，可以在回饋同事辛勞之餘又能提升創新力；每個設計師創新的點不同，有人著重材質、平面配置，有的則在乎工法、流程，透過定期的分享也有助於創新；而系統化的教育訓練，透過講座及課程進修，可以更有邏輯性的強化創新能力；腦力激盪的制度化，可讓創新不只維繫在經營者或某員工身上。

Point 3.建立創新的激勵機制：激勵是管理重要的武器，創新一樣也需要激勵才會有成效，而激勵包含物質、精神及兼具物質與精神的職位流動。發放獎金是設計公司常用的激勵方式，但多只針對結案、業務、利潤控制發放，較少著重於創新。由於創新多需要付出較高成本，必須要建立創新獎勵機制，此外，因各地薪資結構不同，必須區分並提升與獎金的差異。精神激勵和物質是一樣重要，設計師在乎的不只是金錢，對於成就感的追求更為在意，但創新不只是個人成就，創造團隊創新成就感更為重要。職務流動也是兼顧物質（升職加薪）及精神（主管職稱）激勵方式，Gc設計公司主持設計師就打破台灣室內設計公司組織過

於扁平（通常只有總監和設計師），擴大設計師組織層級，讓設計師更有追求目標。

Point 4.檢視創新成果並予以績效化：任何激勵都需要可以被檢視，而不是憑藉著經營者的主觀認定。首先要先釐清創新的目的為何，是為了強化品牌力，還是提升營運成效，再予以績效化。若是為了提升產業品牌，設計力的創新是重點，可以透過參加有公信力的比賽，來檢視個人或團隊創新力的成果，Gc設計公司就是利用參賽來驗證創新的成效。其它像是業主的滿意度調查等等，也可以作為創新的量化，再依此作為激勵的基準，會讓同事更理解創新的方向及目的。

Point 5.形成鼓勵創新且寬容犯錯的企業文化：要讓創新形成企業文化，除了要做到上述四大重點，打造創新氛圍的工作環境外，就要跳脫傳統的管理方式，不能因層級而有距離，反而要轉化以支持與協調為主的管理方式，而這不只是管理者要做到，經營者更要身體力行。要鼓勵團隊嘗試冒險提出新方案，管理者及經營者再以經驗為基礎做科學推論，來支持並驗證，像是Gc設計公司主持設計師重點放在概念發想及方案的形成，其它立面材質及形式設計則交由專案設計師及其團隊，才能一次一次突破設計。若創新結果不如預期，也必須寬容以待，絕對不能一昧只依循自身的偏好及經驗。

第1堂 策略目標　第2堂 品牌創建　第3堂 業務分工　第4堂 採發管理　第5堂 財務利潤　第6堂 留才組織　第7堂 創新研發　第8堂 關係管理

世界變化太快，
創新要更開放

《漂亮家居》創刊第一年即聽聞Gd設計公司在地產設計的影響力及設計能量，其主持設計師不只是許多建設公司老闆愛用的樣板房設計師，其最為業界津津樂道的是Gd設計公司即便是同區域不同建商的建案樣板房，仍能展現出截然不同的風格，深受行業及大眾的肯定。憑藉在台灣累積的樣板房設計能量，Gd設計公司因緣際會地進入大陸市場，果然迅速引起大陸地產界的關注。

隨著大陸室內設計市場進入成長期，業務量不斷湧進，Gd設計公司也迅速擴張成為50人以上的大型設計公司，由於台灣室內設計公司規模都偏中小型，較少見大型設計公司，因此對於公司如何管理一直感到興趣。後因受邀擔任大陸室內設計比賽評審，常與Gd設計公司主持設計師在各活動碰面，才有機會對其公司組織經營有了更進一步的了解。Gd設計公司並未在大陸落地設立公司，公司營運仍以台灣為主，將設計師分組，各組上有總監負責設計管理，另有行政部及財會部支援管理，相較於其它中小型室內設計公司，不論在組織架構及管理模式都非常完整，公司的營運績效更是有目共睹。

幾年前，大陸開始進行一連串的房地產調控政策，讓向來以地產為主力的Gd設計公司明顯地感受到案量減少。本以為是受大環境影響，但在調控政策寬鬆後，Gd設計公司主持設計師察覺到不少地產商開始起用年輕設計師。詢問之下，才知原來地產商已看到新世代購屋族群進入市場，而年輕設計師的創新設計更投合年輕世代購屋者。意識到創新的急迫性，Gd設計公司雖嘗試創新，卻始終無所成，便找上我希望從旁觀者角度來提供意見。其實觀察Gd設計公司已經一段時間，早有發現其公司在設計創新上似乎一直難以突破，幾次合作更感受主持設計師個性的特質，常常口說尊重，其實有其執著難以改變，對於設計更有其偏好，對於新事物的接受度並不高。由於所有設計出手都必須經過主持設計師，而跟隨已久的設計總監對於主持設計師的執著及偏好都已了解，自然難以創新。創新基因的建立基礎一定在於經營者創新觀念的推進，當然表面放手的「假民主真主意」也是無法形成創新企業文化的。

7-3. 策略性的設計創新
設計開發一定是需要付出成本的

跟風趕流行在室內設計一樣盛行，從來沒停歇過，尤其是住宅的設計！記得剛入行時，住宅流行深色禪風，打開雜誌看到就是各式各樣的深色木皮，這並不是因為編輯特別偏好，而是跟設計師邀稿時大多也都是這樣的案子，而設計師們也不是因為喜歡或是擅長而設計，而是因為屋主的要求，而屋主為何又指名這樣的風格，是從雜誌看來的。按理說住宅應該是很個人的，要有自己的LifeStyle，但也許跟華人從眾習性有關，只要跟別人不一樣總會特別的沒安全感。

Ge設計公司會跳出就是因為在一片深色的禪風中，竟然有設計公司「敢」做出純白的居家空間，要知道純白住宅對於華人向來具有一定的抗性（總覺得白特別容易髒），Ge設計公司不但不迴避，還以此強打行銷，果然吸引了媒體的關注。有好一陣子只要Ge設計公司推出新作品，必然襲捲各大媒體的版面，Ge設計公司主持設計師儼然成為白派代言人。雖然後續不少設計公司也跟進以白派設計為定位，但因Ge設計公司很早就定位，並持續投放廣告行銷，因此不只案源穩定，且接案的金額也走向高價，公司在5年內也從個人工作室，擴張為10餘人的中型設計公司。

設計師最好的行銷，永遠是自己的作品。Ge設計公司雖然經營穩定，但也因為定位鮮明，上門的業主都是喜歡白而來，阻礙了其它創新設計的可能。由於主持設計師本身極具創作能量，在無法突破現況下，Ge設計公司主持設計師甚至一度想放棄已建立的品牌形象，但考量到公司經營已具規模，不能如此隨性。

在了解Ge設計公司主持設計師的困擾後，提出策略性創新，建議仍維持定位以利品牌運營，從現有的案源去尋求願意嘗試創新設計的屋主，但這必須要設計公司讓利，提出相對吸引屋主的條件才有可能成，先做出

作品，再來參加業內具影響力的設計大賽，重新建立行業內品牌。Ge設計公司主持設計師便將原有定位的設計案交由主案設計師負責，自己專心創新設計。不只完成了不同於以往的白，更跳脫了時下流行的居家風格，實驗性極強的居家設計，讓他再次獲得媒體的關注，也連連獲得國內外大獎首獎的肯定。而且接下來每隔1～2年都會看到Ge設計公司主持設計師的創新設計在參賽，讓Ge設計公司始終在行業內品牌維持一定的高度。

室內設計公司的創新策略

創新及營運一直是設計公司的矛盾情節，流失既有客層都還不是創新最大考驗，而是創新設計是必需付出代價的，嘗試新材質、工法都可能因重作而耗損毛利，若每個案子都要創新，勢必會影響公司的營運（請見第2堂品牌創建：作品和產品的選擇），如何在創新與營運取得平衡是設計公司經營者的重要課題。像Ge設計公司這樣定位鮮明的設計公司，行銷雖有優勢，但相對在創新也會受限，放棄既有定位絕對不是最好的選擇，除非現有定位已明顯無法滿足消費者需求。該如何有策略的創新呢？以下三項策略提供參考：

業主分級做好創新評估：其實大多數的業主並不真正明白自己的需求及喜好，更不用說理解及認同設計的價值，尤其是華人業主，因為從眾個性，害怕跟別人不同，更容易隱藏或誤解。就如前言，設計師行銷自己永遠是自己的作品，你呈現什麼案子，來的人自然是那樣的族群，可是這並非絕對無法改變，而是要花時間成本去溝通挖掘。設計公司要創新一定要遇到能成就的業主，同時還要有能力負擔創新所需的預算，如何判斷呢？建議將業主對設計接受度及可接受預算做分級（如下圖）並進行評估，才不會錯失或錯估創新的機會。最具創新能量的是業主設計接受度及預算都到位屬於AA級，那表示業主對於設計接度高，也期待與眾不同，並對於預算負擔有一定能力，遇到這樣的業主一定要好好把握，要更花時間去挖掘，才能聯手創作出好的作品。其次是業主設計接受度為A級，其預算負擔為B級，設計公司只要讓利也能促成好作品，Ge設計公司主持設計師就是如此才有機會接到可創新的設計案。若設計接受度為A級，預算非常有限為C級，則要謹慎評估，千萬別因為業主對設計接受度高就一廂情願，最後極有可能讓的不是利而是賠入收益。相反地要是業主設計接受度為C級，其預算為A級，代表業主財力雖好，對於創新有一定疑慮，那還是以尊重業主為首要，創新做多了業主反而更不信任，容易賠了夫人又折兵的喔。至於設計接受度及預算能力都是C級，不要說創新，該不該接案都要仔細思考。

創新分級表

設計接受度	A	對設計認同開放且期待與眾不同	B	對設計雖接受但更著於需求	C	設計就是滿足需求解決問題
預算負擔力	A	有相當經濟能力願意為設計買單	B	經濟稍有餘裕可酌增加預算	C	經濟能力有限預算完全卡死
創新力級數						

適當讓利換來創新機會： 室內設計的創新不能只著於圖面，要落地才真正算數。若只守著獲利是很難有機會創新，因為嘗試創新多少都會耗損毛利，且不可能運氣好，都有業主願意買單，設計師也需要適當的讓利才有機會。以Ge設計公司為例，主持設計師為了跳脫原定位創新設計，在篩選出適當的業主後，就會主動提出讓利條件，讓業主更有意願接受不同的形式風格設計，也因此讓他能透過創新建構出行業內品牌。所謂讓利也不一定只有費用，還包含所投入的時間及精力，當然更需要好的業主配合，運用上述的創新分級表，找到適合的業主，再予以讓利，創新更有機會。

依績效來設定創新目標： 即便只是定位單一風格的設計公司，創新仍是必要，也因為定位清楚，在進行創新時，更容易因創新而影響公司營運績效。Ge設計公司主持設計師是在公司經營穩定後，開始著手策略性的創新，依績效預訂出創新的數量及目標，才不會因創新而影響到公司的營運。而初創的設計公司，雖更需要創新設計吸引關注，但過於創新不講績效，公司無法持續營運，創新更有如泡沫，比創新更重要的是仍是先生存於市場，總是要活著才有希望。更不用說每個上門的案子是否都想創新，何況不是每個業主都需要或是有餘裕可創新，服務還是室內設計的核心，仍應以滿足業主需求及解決問題為首，依營運績效來設定創新目標，公司經營才能更有底氣！

#寶姐經營共學

創新不能只靠努力，還有天分及策略！

相較於其它設計領域，室內設計的入門檻確實不高，只要會繪圖又懂工程就可以進入。雖是如此，轉職而進的設計師，確實在設計上仍有較常人高的天分，才能在室內設計產業長久經營，而且這類設計師會毅然放棄本業，多半對設計懷抱極大熱情。因為不是本科沒有包袱，就更容易跳脫均質，當然一不小心也會淪為毫無章法。

不同於跨域而來的設計師，很多本科系出身的設計師，其實會成為設計師只是因為不小心考上，不一定有興趣或是天分，雖然最後仍選擇進入產業經營，但其創新能量反而常不如轉職的設計師。建築系畢業的Gf設計公司主持設計師，在經過幾年磨練後自行開業成立設計公司，自詡是建築本科，不僅自我要求極高，也很願意學習，會主動結識業內頗具知名度設計師並成為好友。在獎項成為設計師追逐目標時，看著周遭好友紛紛拿下國際大獎首獎，他不惜讓利並精挑細選有著充裕預算可以讓他創新的業主，只為了做出得獎作品，使得原本案源就不多的公司更加不穩定，而且過於著重於創新的設計手法，讓業主感覺他只重視設計而不在意居住者的需求，甚至因此讓過去支持他的老業主不願再推薦介紹，因而陷入經營危機，雖然後來如願拿下獎項，但也都只是普獎，讓他陷入憂鬱的漩渦無法跳脫，於是找上我，希望能指引他明路。

必須說設計能頂上去需要的是天分，有時候也不是努力就可以做到，若主持設計師本身天分就有限，創新能力確實也會受到限制，所以更需要策略性的團隊創新。但任何創新都是要建立在公司營運的績效，若公司案源不穩定，要尋求業主上門本來已是問題，貿然創新反而會造成反效果，創新的案源必須是在有選擇之下，才有機會得到並有圓滿的結果。雖然多次跟Gf設計公司主持設計師開導，應以營運為優先，但他仍執著於設計創新，眼看與他同期甚或更晚創業的設計師好友，公司規模不斷擴大，業績節節成長，而他卻仍苦於無案源不斷地循環，在旁觀察的我也只能期待他早日看清現實。

第1堂 策略目標　第2堂 品牌創建　第3堂 業務分工　第4堂 採發管理　第5堂 財務利潤　第6堂 留才組織　第7堂 創新研發　第8堂 關係管理

7-4. 創新團隊力的建立
三個臭皮匠絕對勝過一個諸葛亮

雖然從小習畫，Gg設計公司主持設計師卻是一直到了出國唸碩士，才真正確認自己對於空間設計的熱情。回到台灣後，即進入知名設計事務所跟隨業內知名建築師工作，隨後又到了跨國的設計公司上班，這不只啟發他的設計視野，更為他植入了創新的基因。

對於創新設計的追求與堅持，雖然讓他很快因為作品而被媒體關注，甚至還獲得國外雜誌報導，但也讓他的創業之路歷經波折。非設計出身的合夥人，對於他為了嘗試新材質、工法造成毛利耗損甚至賠錢，始終無法達成共識，就在公司連續拿下國際設計大賽獎項被喻為設計新銳時，合夥人反而提出拆夥，讓他不得不離開自立門戶，從頭開始打拚。

所幸在一些老業主及設計媒體的支持下，Gg設計公司在沉潛了一段時間後，又因作品的創新而迅速建立品牌，並一舉跨入海外市場。由於過去公司設計的創新多放在Gg設計公司主持設計師身上，隨著公司組織規模的擴大及市場分散，設計項目也趨於複雜，顯然創新已無法仰賴一人之能力了。

由於設計項目各有專業，除了依設計項目將設計師做分組，為了培養創新能力，同時也擴大公司設計項目，即使客源早已穩定，Gg設計公司主持設計師仍特意組團隊競標未曾接觸的領域，至於創新團隊成員，則從各組調來設計師，且打破層級，連助理都可以加入成為臨時性任務編組成員。因為創新團隊來自不同設計項目的設計師，都會帶入不同的設計專業，而助理也以其世代觀點提出，因此常能激發出不同的火花，進而達到創新目的。待創新任務結束後，再將所學的創新設計帶回原團隊。透過創新團隊的組成，設計師們學會適應不同業種、空間需求且養成跟其它人合作，既可持續設計創新力，又可維持人才戰鬥力。

讓公司不因組織變大,而喪失創新力,更跳脫一般設計公司將創新都維繫主持設計師的思維,透過團隊創新讓公司不只在行業內,甚至一般大眾都有著極高的品牌知名度。

室內設計公司創新團隊的籌建

雖然大家都知道三個臭皮匠是可以勝過一個諸葛亮,但要讓三個臭皮匠能各自發揮所長根本上就不是件容易的事,更何況多數設計人對於自己的設計或多或少都有些執著及偏好,有時候整合創意比自己發想其實難度更高。但當公司組織持續擴張或是主持設計師本身創新能力有限,就必須懂得籌建團隊讓公司可以維持創新能力,該如何做呢?

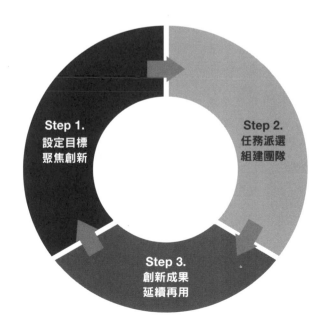

Step 1.
設定目標
聚焦創新

Step 2.
任務派選
組建團隊

Step 3.
創新成果
延續再用

Step 1.設定目標聚焦創新：創新絕對不能漫無目標，必須要聚焦才會有效益。很多尤其是已經經營出口碑或是已有清楚定位的設計公司，相較於其它設計公司，不只案源較為穩定，很多時候客戶都還會自己上門來，不過也因為穩定，反而容易失去創新的能力。這類的公司通常組織都不大，只要主持設計師關係經營做得好，要在市場生存倒也不是難事，只是經營的時間長短而已。要維持創新力就必須突破舒適圈，必須要策略性地接案，設定目標創新。像Gg設計公司就會特意組建團隊，主動參與競標未曾接觸的領域業種，有時甚至為此還會推掉老客戶的案子。一方面可以投入開發新領域，一方面因為是新領域還可以累積不同業種的專業，同時也藉此聚焦創新，更能測試創新的成果。

Step 2.任務派選組建團隊：設定創新目標後，接下來就要遴選創新團隊成員。若公司已達一定規模，像Gg設計公司一樣有不同組別或是業種的設計部門，可以打破組別或部門的限制，讓來自於不同組織的成員，可以藉此帶入各自的設計專業，彼此互相學習適應不同的人、事、物及空間並激發競爭力。即使公司規模不大，仍然可以組成團隊，除了主持設計師外，首先要先打破的就是層級，既然是創新就不應拘泥於只有一定經驗的設計師才能成為團隊成員，有時候反而是沒有經驗的年輕設計師或助理更有創意的想像，更能撞擊出火花，但要注意的是團隊的主持者，最好是主持設計師或是主案級設計師，才有能力將雲端的創意落地創新。

Step 3.創新成果延續再用：辛苦所得的創新成果，當然要想辦法再延伸運用，像Gg設計公司就將創新團隊成員當做創新種子，將臨時派任的創新任務成果帶回去原單位，讓原單位也可以吸收到創新的成果。或是將創新成果載入資料庫，不管是工法、材質或是設計手法都可以成為公司的資源，他日可運用在其它設計，讓創新延續並發揮最大效益。

#寶姐經營共學

不創新又如何？

相較於其它設計產業，必須說室內設計的門檻相對低，尤其在產業在形成及發展時期，很多人是因為預見產業發展而進入，本身並沒受過設計專業的訓練。而消費者端對於設計更是毫無概念，不理解設計的價值，也就無從分辨設計的優劣，所以不管是台灣或大陸家裝設計市場都曾經歷過，設計是奉送，必須以工程來獲取利潤的歷程。在那設計素質最參差不齊的時代，說真的只要設計稍有特色，就能獲得使用者認同的。

Gh設計工作室主持設計師原本只是家庭主婦，由於當時也不時興喝咖啡，朋友聚會多到茶館泡茶聊天，而她自己也特別喜歡茶藝館充滿自然實木、陶器、花布的空間氛圍，於是就自己找來工班把心中的想法實現。在木作都還是用貼皮的時代，少有住家用實木，果然引來室內設計雜誌報導。雜誌才出刊編輯部就接到電話，有讀者看到這樣的居家風

格很喜歡，希望能找她幫忙設計自己的家。頗具商業頭腦的她看見正在成形的家裝設計市場，連平面圖都還不會繪製，工法所知有限下，大膽成立設計工作室開始接案，從做中去實驗學習。

因雜誌報導而進入行業，她深知媒體行銷的重要，更知道美美的照片是行銷的利器，不只會花時間精力佈置已完工的空間，還找來雜誌當家攝影師來拍照，竟也吸引了一群喜歡同樣風格的業主。不只如此，她懂得以藝術家來抬高身價，並把工藝品藝術化，接案金額不只高，毛利更遠遠超出同業。但也因為她沒有受過設計專業的訓練，只會做一種類型的設計，所以空間的相似度也特別的高。

在數位網路掘起之前，Gh設計工作室主持設計師靠著媒體與業主的關係經營，還有行銷的包裝，還真紅過一陣子，最重要的是賺了不少錢。必須說我也是那時的推手之一，在剛初入行業，認識的設計師還很有限時，還真無法分辨設計好壞。隨著產業巨輪的轉動，大眾室內設計知識的普及，茶藝館美學被咖啡館取代，媒體不再刊登她的作品，而她也就悄然地退出了市場。不過又如何呢？她早已賺足銀子退休了。有時候想想設計創新，真的必要嗎？人家靠著一招也曾打遍江湖啊，哈哈！

康老師談「創新與研發」

創新一直是經濟成長的動力,透過生產要素的重新分配與組合,產生新的產品或服務。管理學者彼得杜拉克曾說:「不創新,就等死。」創新不一定來自產品或是技術問題,試想整個市場結構、人口變動、新舊知識的交替、社會的壓力、組織結構與流程的變化,都可能是創新的來源。創新是企業成長的動力,但創新本身仍需要有策略與取捨。

1. **隨時注意破壞式創新的產業趨勢,以保持策略彈性。**企業總是專注研發更高階或更極致的產品或服務,用以鞏固既有市場與服務高端的顧客,管理學者克里斯汀生提醒企業這種傳統的「維持性創新」容易將企業帶向衰敗。因為具低價優勢的「破壞性商品」往往會從邊緣市場或是未被滿足的顧客需求開始發展,逐漸成為主流的商業模式。值得注意的是破壞式創新往往不是生產更好的產品給既有的市場與客戶,而是破壞既有市場,推出更簡單或多元的產品給要求不高的新客戶。因此,追求創新的思維基礎,要注意的是做對顧客有價值的事,而不是被組織原本就擅長的事所限制,隨時保持警覺同業是否已經改變或破壞了既有市場。室內設計師不斷追求自身的創新能量,仍須隨時關注外部環境中各種可能被忽略的業主需求或產業趨勢。

2. **創新與獲利之間一直是兩難，善用商品（設計）組合策略來平衡創新的風險。**商品組合策略的作法常會將其分成主力商品、策略商品與互補商品。策略商品是犧牲毛利單價來吸引顧客注意或獲得其他效果（例如：得獎作品），等顧客上門還是要推薦主力商品。主力商品要注意毛利設定，為了順利推薦主力商品會設計互補商品以凸顯主力商品的價值或價格優勢。主力商品則需依照顧客購買目的或習慣來設定規格和價格，毛利率則是管理的重點。室內設計公司可參考商品組合的分類，依照業主需求區分成以上三類的設計與服務。並依照自身企業發展的階段，考量資金的需求與人力資源多寡，或是策略目的來分配案件的創新程度與比例，並做好風險與成本控管。

3. **打造具備設計創新的企業體質，以雙元性組織做好創新準備。**研究發現企業兼具探索性活動與應用性活動，是一種永續發展與生存的組織體質。就如同兩棲類能分別適應水陸兩種截然不同的環境，大大增加環境巨變下存活的機會。如何達到雙元兼具的組織結構，有三種策略可以參考，分別是依時間循序建立兩種不同活動的組織單位、依空間隔離將兩類活動同時存在、或建立團隊氛圍讓成員習慣一心多用的方式，達到雙元兼具的策略。不管是服務創新、落地創新、流程創新、設計創新，為了全方位的策略創新，打造好的組織體質才能適應變化多端的市場環境。

第 8 堂 關係建立與串聯
客戶自來的自然行銷法

就如同台灣首家股票上市的室內設計公司──匯僑設計董事長王秀卿所言，不同於一般以機器生產設備為主的上市公司，匯僑是人的產業，走的是客製化路線，不和同業搶生意。**就是因為提供的是高度客製的設計服務，靠的始終是人，相較於其它產業，「關係經營」在室內設計產業就顯得更為重要，不管是新創還是已有一定規模的設計公司，關係的經營必然連動著案源。**

案源可說是設計師創業的關鍵動力，有案源就意謂著有機會完成作品，就如前面章節所討論，設計師行銷自己永遠是所做的作品，有了作品才能行銷，才有機會擴散，讓更多的人找上門。以現今市場競爭的狀態下，不做行銷確實難以被看見，甚至被辨識。但若無積極尋找案源，累

8-1. 掌握案源才知客來何處：摸清主要業務管道才能夠引客進入

8-2. 關係經營建立創價循環：經營好客戶就跟開直銷公司是一樣

8-3. 主動與被動的媒體關係：分清公關和行銷獲得免費宣傳資源

積出代表性作品，是更難有機會立足市場，這也是為何在完成《華人室內設計經營智庫100》後，提出了創業前5年的設計公司首要目標就是要拚生存。但案源不會平白無故從天上掉下來，**在沒有充足的行銷資源時，關係的建立與串聯，便成為讓客戶自動上門的自然行銷法。**

掌握客源才知客從何處來，摸清楚業務主要管道就有機會引客進入。**口碑絕對是室內設計公司生存的命脈**，懂得為業主創價的設計公司，不只業主會一再回流，還會樂意主動推薦。但經營好業主關係卻只是基本，**要擴散就得要透過媒體**，不管是主動的廣告投放或是被動的公關行銷，都是打破現有關係經營的利器。而**數位時代的來臨，讓設計公司更可以透過自媒體經營，被注意甚至追隨。**

8-4. 自媒體經營培養出鐵粉：光注意是不夠的只有追隨才能長久
康老師談「顧客關係管理」

8-1. 掌握案源才知客來何處
摸清主要業務管道才能夠引客進入

計畫著要出國唸書的Ha設計公司主持設計師，本想趁著等待簽證下來的期間，以個人工作室型態接一下朋友介紹的住宅設計案賺學費，誰知房子才一完工，業主就把他介紹給朋友，就這樣一案接著一案，時間不斷蹉跎的結果，只能眼睜睜看著簽證過期，不得不放棄再進修念頭，就地將設計工作室升級為設計公司。

說也奇怪，當公司正式成立，案源卻停滯了，雖然舊客戶還是會介紹，但不知是否因為過去只是一人工作室，總覺得案子很多忙不過來需要請人，現今有了人手，反而擔心起案源不足，到底要去哪裡找客人呢？正在煩惱時，一家地產代銷公司找上門，詢問他是否願意接地產設計案。當時地產圈正流行買屋送裝潢，擅長軟裝設計的他，硬是在有限的預算下，設計了8種不同風格的實品屋，沒想到大受買屋者的喜愛，前前後後接了100戶買屋送裝潢的實品屋，為公司賺進第一桶金的同時也引起其它代銷公司的注意，就這樣意外地踏入了地產圈。

進入地產圈後，他發現若只接代銷公司的實品屋，不只毛利不高，設計也難出作品。於是他直接與建設公司接觸，果然接到售樓處接待中心的設計。由於量體更大，預算也較高，產出作品的機會變得更高，便迅速地成為當地知名地產設計公司，後續又接了建案的會所也就是公設的設計，於是地產設計便成為公司主要業務來源。

誰知房價持續飆漲引發了政府的調控政策，房市急速轉冷，這一打讓他意識到不能過於依賴B端企業組織的地產設計。於是他開始藉由投報獎項來吸引媒體平台報導擴散，再藉由得獎作品來投放廣告主動行銷，透過策略性的曝光作品，很快地引起C端大眾的注意，讓原本只服務B端企

業組織業主的住宅設計，轉向一般消費大眾的家裝設計，從百分百的依賴地產設計，轉身成為工裝與家裝設計各佔50％的設計公司，而隨著自媒體的興起，他更積極投入將品牌做更深度經營。

從B端企業組織的地產設計到C端大眾的住宅設計，Ha設計公司主持設計師通過掌握多元業務管道，並隨著大環境的變化調整業務來源比例，面對這次全球性的COVID-19疫情，他不但不受影響，公司業績還大幅成長，安然度過危機。

室內設計公司案源通路演進

不管是一人工作室還是上百人超大型設計事務所，案源絕對是室內設計公司的命脈所在，少有經營者在毫無案源下就創業。在室內設計公司，案源不只是創造收益，更驅動著下一個案源的導入。就如同前面章節所言，設計公司的行銷核心還是在於其產出的空間作品，原因無它，因為所販售的設計服務及才能，得透過落地的空間才能被認識及理解。沒有案源，就沒有完成作品的機會，就更不可能談及後續的行銷。所以要先摸清主要業務管道掌握案源，知道客從何處來，也才能引客進入，而室內設計公司案源通路主要來自於三大關係的建立與串聯：

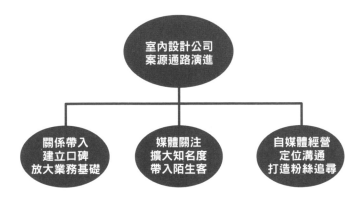

關係帶入建立口碑，放大業務基礎：關係帶入是設計公司創造案源非常重要的基礎，所謂關係包含周邊親友、舊客戶及圈層經營。當有了案源，且有能力落地並成為作品，不只能展現其設計專業，讓其它人看見，若能因此而建立口碑，讓業主一再回購並樂意主動推薦，就是架構客戶自來最好的自然行銷法。以Ha設計公司為例，就是因親友推薦接案，有了作品形成口碑，一案接一案的狀況下，不得不放棄出國深造的計畫，成立設計公司，爾後又因鄰居代銷公司的介紹而有了地產設計案。對新創設計公司而言，如何透過關係的帶入，引入案源進同時進而創造口碑，是放大業務非常重要基礎。

媒體關注擴大知名度，帶入陌生客：用關係帶入獲取案源，進而創造口碑，雖是設計公司業務基礎，但若只是專注在關係經營，必然會發生「近親繁殖」的問題，來的客層受侷限不容易突破。就如同Ha設計公司要跳出地產設計，就得要尋找新的通路，讓更多人認識，而他的選擇便是投獎引來媒體報導，並策略性的投放廣告，擴大媒體平台效應。媒體關注是破圈的重要管道，通過媒體（包含數位平台）傳閱的力量，讓作品可以被擴散，被更多人認識的同時也擴大知名度，進而帶入陌生客。當然要吸引媒體的注意，好作品是基礎，但也不能光產出好作品，如何被媒體看見，這在下一章節也會繼續討論。

自媒體經營定位溝通，打造粉絲追尋：每個世代都有其產業紅利，對年輕世代設計師而言，自媒體的經營便是數位科技所產生引入案源的新通路。不同於媒體平台的「被動」，需要依靠編輯的報導，才有機會讓更多人知道其設計思維及價值，通過自媒體的「主動」發聲，可以與所設定的目標業主，溝通自己的定位，若能有系統且策略性的運用自媒體，更可讓原本只是因其它管道帶入的受眾認同而留下。要知道室內設計所涉及的預算金額都不算是一筆小數目，使用者端必然是要透過長期觀察才能選擇。Ha設計公司就是看到自媒體興起，進而積極投入，將從媒體引入的陌生客，留在自媒體持續溝通，對於成交率的提升非常有幫助。自媒體的經營就是化「被動」為「主動」，但切記只有把進入自媒體的受眾留下成為粉絲，才能被追尋，而非只是短暫停留。

符合自身喜好的圈層經營帶客力道更強

《漂亮家居》雜誌的創刊，不只是擴大了設計師接案的案源，更讓許多原本沒有案源而不敢創業的設計師，走出舒適圈開始接案。而他們的第一個案源百分之百都來自於關係經營，像是周遭親友或是前公司服務過的舊客戶。2015年藉由北京《好好住》家裝設計平台，接觸到不少大陸初創業的年輕設計師，一聊之下發現也幾乎與當年台灣年輕設計師一樣，案源都是來自於關係經營，但其中一家Hb設計公司的主持設計師關係經營卻最引起我的興趣。

非本科系出身Hb設計公司，曾歷練過傳統裝飾公司，卻因為重視客戶感受及服務影響了績效而被要求離職。認為自己也無法認同不重視設計專案及服務的公司，便開始經營個人工作室。一開始

也不知案源在哪？興趣廣泛的他，便加入自行車、羽球、音響等社團，或許是興趣、愛好相同，很快就打成一片，而當他們有室內設計需求時，自然會找上他，而這也成為他設計切入的方向，像是喜歡音響的，就以視聽空間為主軸。這樣個性化的居家設計在當時市場，雖屬小眾卻是市場缺口。Hb設計公司主持設計師透過關係經營很快就供不應求，逼得他不得以價制量，2015年設計費就來到人民幣1,000元／平方米，這在當時大陸市場可是只有豪宅設計師及海外設計師才有的設計費水準。也因圈層符合自身喜好，不只做起設計帶勁，帶客力道也強。爾後家裝設計平台成立，這些作品更成為他後續公司化最重要的行銷資源。

其實所謂關係不一定只有周邊親友及服務過的舊客戶，也可以特定圈層為目標，做深度的關係經營，很多設計師就會特意加入扶輪社或獅子會，但這比較需要思考的是，現今進入社團開發客戶，已是很多行業的業務常態，常一個社團也不會只有一種業別，投入社團都是需要花費時間及金錢，在競爭者眾的狀態下，不見得佔得了便宜。與其如此，還不如依自己興趣選擇社團經營，像Hb設計公司主持設計師一樣，最不濟還可以賺到生活樂趣呢。

8-2. 關係經營形成創價循環
經營好客戶就跟開直銷公司是一樣

就跟其它設計師創業的歷程一樣,在東北唸書、就業的Hc設計公司主持設計師,會成立設計工作室,也是因為周遭親朋好友要結婚,幫忙設計了新婚房而有了案源。在當時少有設計型設計公司,出身本科的他,不論是設計或服務都備受肯定,口碑的建立讓他一案接著一案,未曾缺過案源,加上工作室也沒什麼管銷,日子過得順風順水。但對於設計的追求,讓他在而立之年,向嚮往已久的設計事務所投遞履歷,並順利得到職缺,遠離熟悉的舒適圈,遠走上海重新開始。

在以工裝地產設計為主的設計事務所工作幾年後,再度遇到瓶頸讓他萌生去意。本想先休息的他,卻在此時,接到過去曾合作過地產商請求,希望他能匿名協助解決正在進行中的高端地產設計案,因為原先指名的知名設計事務所設計的空間一直未到位。雖然只是背後操刀,但基於與舊客戶的情誼,他還是答應,案子一推出果然如期完銷,業主在感激之餘,後續又丟出了地產及辦公室的設計案,這才讓他下定決心二度創業。

不同於第一次以家裝設計為主要業務的創業,第二次成立公司依靠著舊客戶委託的工裝設計案,不只案源持續不輟地導入,之前代操的高端地產設計,雖未能具名發表,卻因創新的設計,在地產圈迅速傳開,Hc設計公司也因此踏入了地產圈層,不少地產公司尋線而來。後續又完成了幾個城市的指標地產案,透過一件件作品的完成,主持設計師更因此被封為年輕世代高端地產設計師代表,靠著產業的口耳相傳,把公司和他個人名聲在地產圈推向了高點。

為了維持公司在地產的領先地位,除了持續以作品為業主提升營業額外,Hc設計公司主持設計師更在內部組織了研發團隊,專職研究設計、

材料、趨勢等，並不定期與客戶分享觀察到及研發的資訊。而這設計以外所提供的附加價值，刺激客戶創新，也讓他們有機會可以做出更多更趨勢的設計，既獲得舊客戶的認同，也吸引到愈來愈多地產開發商登門尋求合作，靠著地產圈層的經營，短短幾年Hc設計公司就成為地產設計的指標設計公司。爾後，Hc設計公司又從關係行銷，擴展至媒體行銷，持續擴散加上近幾年自媒體的深耕，讓他踏出地產圈，成為多元工裝設計公司。

掌握關係帶入奠定被動案源基礎

就如同前面章節所討論，案源是多數設計師決定創業的關鍵，但室內設計賣的是腦力智慧及設計服務，必須透過落地的空間及業主的口碑才能驗證，在還沒有足以能展現設計能力的作品前，就要讓業主願意交付案子，彼此間若沒有深厚的關係及信任感，應該沒人會願意把隨便動輒數十、數百萬的設計案，交給完全陌生的設計師。尤其室內設計屬經驗品，消費者在使用前是無法清楚判斷產品品質，在資訊不對稱、交易經驗少又需要高度承諾的服務，就會更依賴口碑、關係，所以關係經營不只是設計公司創業的基石，更是日後公司被動案源的重要基礎。

關係帶入

親朋好友累積行銷資源

前公司客戶重在認清並滿足

提升價值建立創價循環緊抓舊客

親朋好友累積行銷資源：室內設計公司的關係帶入主要來源有三，第一是親朋好友：尤其是初創業的個人工作室，應該有90%以上，第一個設計案是來自於周遭的親友，其中還有相當的比例是自己的家或是工作室，像Hc設計公司主持設計師就是幫親友同學設計新婚房，進而成立設計工作室。此關係所帶入的案源，通常在預算上也較為受限，雖較難以產出代表性作品，但可累積成為行銷資源，畢竟還是要有落地的案子，才能讓人眼見為憑。可是一旦經營上了軌道，很多公司反而會捨棄此一關係，主要是親朋好友容易有過度的期待，特別是在預算上，加上室內設計過程繁瑣細節多，有時候不接反而比接更好。

前公司客戶重在認清並滿足：舊客戶則是室內設計公司關係帶入的第二來源，而舊客戶主要來自於前服務過的設計公司及現公司所服務的業主轉化為舊客戶。從2020～2021年所進行的《華人室內設計經營智庫100》調查報告中，可以看出除了親朋好友外，前公司所服務過的舊客戶，通常也會是新創設計公司的主要案源之一。主要原因是因為室內設計的服務是非常近距離，尤其是家裝住宅設計更是貼身，設計時設計師就得深入了解業主的喜好及作息才能設計出好作品，到了工程期要面對處理的細節更多，設計師跟業主的關係會更為緊密。若組織分工走一條龍式的服務，從設計、工程到完工驗收都是同一設計師服務，而公司在服務流程中又沒有強化品牌力，很容易演變成業主認人而非認公司。

面對來自於前公司舊客戶的案源，經營者一定要明白並認清，舊客戶不找原公司的原因，其多半會伴隨著信任感及預算等其它問題（期待新創公司以較低價格承接），只要能滿足其需求，也可以轉化成為自己的「舊客戶」。Hc設計公司主持設計師第二次創業的案源就是來自於前公司服務過的舊客戶，但就如同前言，這類業主不找公司而找服務過的設計師，通常有其原因，以此案例是因為所找的大型設計事務所，無法解決設計到位的問題，若尋求其它設計公司協助，反而容易衍生支節，才會尋求信任的設計師來解決，不過這也反映了Hc設計公司主持設計師在職其間必然也是全力以赴，才能獲得信任。對於有心想獨立的設計師，舊客戶的培養不是等到創業才開始，是要從踏入這行就要準備了。

提升價值建立創價循環緊抓舊客：不過由《華人室內設計經營智庫100》，也反映過去設計公司在經營品牌時，當組織到一定規模，經營者無法親身服務時，若沒有思考如何通過組織分工及服務流程制度的設計來轉化品牌力，很容易造成客戶認人而非品牌的結果。要知道由公司所服務的業主轉化為舊客戶的關係帶入，可是能為公司創造被動案源，而這重要的關鍵就是如何建立創價循環（見圖示）。

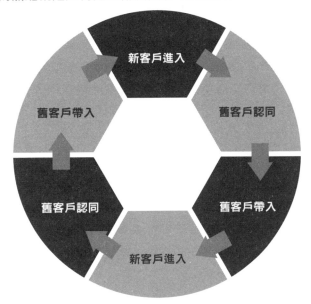

根據美國《哈佛商業評論》（Harvard Business Review）的研究，爭取一位新客戶所花的成本是舊客戶的5倍，不只如此，一位滿意的舊客戶可帶來8筆的轉介生意。所以經營者要更積極去思考，如何藉由服務流程及設計成果，創造口碑效應反饋回品牌，進而留住舊客戶。而家裝設計和工裝設計所必須要創造的價值不同，工裝商業空間設計必須要創造的價值，在於透過設計讓業主提升獲利，而不是為了滿足設計幫忙花錢，這樣才能建立夥伴關係，而非只是單純的甲乙方。Hc設計公司組織了研發團隊，並分享給業主，不只促成業主創新意願，也為自己爭取到設計創新的空間；至於家裝住宅設計的價值則是以專業性與同理心，來協助業主解決不管是空間、工程甚至是生活的問題，而不是製造困擾。

策略性經營圈層擴大領域：圈層的經營是室內設計公司關係帶入的重要來源，而圈層又分為產業圈層及生活圈層。就如同前面章節提示，設計師最好的行銷永遠是自己的作品，對以工裝商空設計為主的設計公司而言，能在特定產業設計出指標個案並為甲方帶來名利，就猶如拿到通行證進行該產業圈層，若能接連或是持續推出刷新產業認知觀感的設計，那就不只是立足而已。Hc設計公司就是代操前公司舊客戶所推出的高端地產設計，讓原本可能失敗的推案翻轉成功，雖第一時間未能具名發表，但產業圈層間的耳語，很快就傳開，Hc設計公司也因此踏入了地產業。不同於工裝的產業圈層經營，家裝側重在生活圈層，所謂圈層指的是具有相同社會屬性或相似興趣愛好的人群集合體，圈層內的人對於生活需求及喜好頻率接近，所以當住宅設計能被圈層接受且有相當的服務口碑，很快就能吸引到更多圈層及相近圈層的業主，他們還會自動為設計公司帶入案源。但圈層必須要有策略性的經營，像Hc設計公司主持設計師在體認到地產景氣易受政策影響，便在站穩市場後，又運用價格策略去進入其它產業，成為多元工裝設計公司來因應大環境的變化。

#寶姐經營共學

深入關係連結為自己也為業主創價

相較於其它產業，室內設計對於口碑和關係是更為依賴，尤其早期資訊不對稱時，絕大多數以住宅設計為主的設計公司案源就是來自於自己的舊客戶。他們除了自身外，還會將設計師推薦給親友，所以只要把設計及工程做好，並於過程中及售後盡心服務，絕對是可把現行服務的業主轉化為舊客戶紅利帶入案源；但現今資訊發達，不只消費者相對選擇多，數位的擴散更是一刀兩刃，把設計、服務做好已成為基本，經營舊客戶必須要更有策略，才有機會創造穩固的被動案源。

從醫療轉進室內設計，Hd設計公司主持設計師比起其它設計師更具同理心及親和力，就算是非關裝潢的需求，只要業主有任何問題，她都願意花時間傾聽、陪同並協助解決，而且即使裝潢結束，依舊保持相當的情誼，也因此累積了非常多死忠的舊客戶，不只換屋會再

找她，還會積極推薦給親友，公司案源有7成以上都是來自於關係帶入。雖是如此，她每年仍主動投放廣告，維持品牌在市場的能見度，就這樣從最初只能接到新台幣30萬元的設計案，一路做到現今動輒新台幣3,000萬元以上的豪宅。

由於跟業主關係密切且深獲信任，每當有新客戶提出想看實景裝修時，老客戶也都樂意開放自己的家，讓她帶客人參觀。就如前言，家裝住宅設計經營的是生活圈層，因為生活需求及喜好頻率接近，很容易就吸引同類型或相近圈層的業主，於是開啟了她獨到維繫客戶關係方式。在每次新屋落成之後，會邀請屋主們前往參觀，這個聚會僅限於舊客戶與新簽約的屋主，避免開放參觀時的隱私問題與不必要的比價競爭，而每月一次的交屋聚會不只讓屋主們慢慢熟識，彼此會邀約私下出遊，更讓圈層雖相近卻各自封密在自己領域的業主，有了連結因而促使了商業合作的機會，成為另類的交誼平台。不只為業主創造設計以外的價值，更讓業主樂於把她推薦給親友，特意維持經營規模的她，在年接案量有限的狀況下，接案就變得更有選擇，更能確保來客的品質，形成正向的循環。舊客戶的經營絕對不只是售後服務，如何更策略性地維繫與業主的關係，並為業主創價，值得設計公司經營者好好思考。

8-3. 主動與被動的媒體關係
分清公關和行銷獲得免費宣傳資源

離開舒適圈向來就不是件容易的事，在英國倫敦完成室內設計學業後，He設計公司主持設計師回到台灣後，幾乎是無縫接軌地進入一家以工裝商業空間設計聞名的大型室內設計事務所。雖然順利的開展了設計職涯，但他也看到年輕設計師在面對已進入產業成長期台灣市場的限制，便刻意尋找外派到大陸的機會，一年半後如願地來到北京。

初到北京時，整個城市都在大興土木，在完成駐地的設計後，He設計公司主持設計師沒有選擇回到台灣，看好未來北京市場的成長，在完全沒有人脈及案源的狀況下，毅然決然地創業成立室內設計公司。慘澹經營了半年，才終於有了第一件地產樣板房的設計，雖只是軟裝的合作，卻也讓他一鳴驚人，所設計的樣板房，在兩週內全數完銷，引起了北京地產圈的關注，立馬接到不少地產商的邀約，這才讓他立穩了北京市場。

由於當時數位網際網路尚在發展中，設計師除了關係經營，就只有媒體報導的行銷管道，由於所設計的樣板房跳脫當時樣板房的風格及形式，加上來自台灣又有著海歸的背景，很快就吸引到北京室內設計雜誌的關注。通過雜誌的報導，讓He設計公司走出北京地產圈，陸續接到來自上海、深圳等一線城市地產商的邀約，也讓他見識到媒體擴散所帶來的加持力道，更加重視媒體關係的經營。除了持續回應來自媒體的邀稿，同時累積媒體名單，一有新作發表時，便發布相關資料，藉由主動發聲，擴大媒體曝光效應。

雖然在地產圈立穩了腳步，但He設計公司主持設計師也感受到樣板房生命週期極短，銷售期結束就難被看見，若想要累積作品、長期引起關注，勢必會受到極大的限制。在觀察到大環境的變化，看好北京餐飲市

場的發展，他特意降低設計費尋求關係接案，首家餐廳的設計再度讓他一戰成名，不只順利進入餐飲設計市場，媒體的報導更是推波助瀾，而這也帶動國外室內設計相關媒體報導，引來了想要進軍北京餐飲市場的外國業主來找，讓他更確認以餐飲空間設計為公司主要定位。爾後在紙本媒體走向數位化過程中，憑藉著他過去累積的媒體關係，讓他將媒體行銷擴展至至國內外各網站平台。藉由關係及媒體經營，He設計公司，成功地在餐飲業，撐起設計的一片天。

室內設計公司媒體關係經營

行銷設計公司的絕對是其所設計的作品，好設計自然會吸引到同樣層級及圈層的業主，但要是所設計的作品若無法被看見，那再好的設計都只能孤芳自賞。除非經營者自身背景，不然一般新創設計公司，多從小戶型設計開始，雖說一位滿意的舊客戶可帶來8筆的轉介生意，但就如上一章節所陳述，關係經營容易拘限於圈層，所產出的作品也難以跳出。隨著公司持續成長，若只服務特定圈層，不只經營容易受限，運營的風險也較高。而媒體（包含數位平台）因其傳閱特性，可以有助於設計公司作品被擴散，進而「破圈」讓更多人認識，才有機會再進入其它圈層。

媒體報導主要是基於其內容需求，多由媒體策劃發動，設計公司才有機會被報導，且對於報導內容或時間，也無絕對的掌控權，所以相較於廣告投放的主動，媒體報導顯得被動。廣告投放對於設計公司而言是行銷策略的選擇，非常目的性的去傳達品牌文化及價值。而媒體報導則較偏向於公關，雖無法完全掌控，但透過與媒體的關係連結，仍可聚焦創造公司及作品的能見度。設計公司如何經營媒體關係呢？可以從高度報導、配合報導及主動投稿來著手。

第 1 堂 策略目標　第 2 堂 品牌創建　第 3 堂 業務分工　第 4 堂 採發管理　第 5 堂 財務利潤　第 6 堂 留才組織　第 7 堂 創新研發　第 8 堂 關係管理

室內設計公司
媒體關係經營

創造價值贏來高度報導

配合內容議題換來報導

主動投稿創造主題報導

創造價值贏來高度報導：受限於版面及頁數，若想要讓媒體主動報導，就必須要有被報導的價值，而媒體選擇報導不外就是影響力、鄰近性、新鮮感、顯著性、新奇性、衝突性、人情味及實用性等，設計公司若想要贏得媒體報導，自身就得要創造價值，有突破性的作品是一定要的，當然還要能看到大環境的需求及突破點。以He設計公司為例，早期北京餐飲市場少有宴客需求，就是看好經濟發展會帶動餐飲升級，才會想方設法甚至自降設計費，接到第一家餐廳的設計。而首次操刀設計的火鍋餐廳，就打破過去常見的火鍋店形式及風格，以「高調奢華」風格吸人眼球，不論消費者或餐飲業者都是極具新鮮感及新奇性，開店後又創下一晚翻桌7次的超級紅盤，更對市場造成影響進而轉化顯著性，不只讓He設計公司成為眾餐飲業主多方打探聯繫方式的合作對象，更吸引媒體主動來報導。

配合內容議題換來報導：室內設計為專屬領域，較少有及時性的動態新聞發生，室內設計媒體大多通過自創議題策劃報導來回應產業現況及趨勢。若能配合議題所需，提供具有相當質量的內容，也很容易獲得媒體回應報導。He設計公司創業初期就見識到媒體擴散所帶來的加持力道，主持設計師對於媒體關係經營特別用心，不只態度謙和，報導時也

都會盡力滿足編輯需求，因而深受編輯青睞。在紙本走向數位初期，不少編輯轉往網路發展，即便是新創平台還未具知名度，他也都願意協助報導，讓他的媒體關係得以延伸過渡，甚至擴展至國外相關媒體。

主動投稿創造主題報導：媒體要關注的面向很廣，每日接收的訊息量大，無法全面性的關照產業動態，若能主動投稿甚至自創議題，也能獲得媒體的關注。可是主動並非盲目亂投，必須了解媒體的定位，是面對消費大眾還是產業領域，進而挑選合宜的作品投稿，才有機會被刊登。像He設計公司，只要是有報導邀稿的媒體，除了留下記錄累積連絡名單外，對於媒體的特性及喜好也會備註並進入資料庫，若有新作發表或是有參賽得獎，都會主動連繫寄送相關資料，並依媒體所提需求安排參訪或拍照，深化媒體關係及效應。

第 1 堂 策略目標

第 2 堂 品牌創建

第 3 堂 業務分工

第 4 堂 採發管理

第 5 堂 財務利潤

第 6 堂 留才組織

第 7 堂 創新研發

第 8 堂 關係管理

#寶姐經營共學

做好設計還要主動才會被看見

「做好設計自然會被看見！」不知是否因受到「古訓」影響，在紙媒當道、網際網路尚在起步的年代，採訪編輯要找到優秀的設計師及好作品，還真不是件容易的事。尤其像我這樣毫無室內設計背景，又未曾有過室內設計媒體歷練的人，不是從競媒雜誌去挖掘，就是得想盡辦法「牽託」出人脈，當時本就少有設計師會主動投稿，更何況是新創雜誌。所以《漂亮家居》剛創刊時，對於主動寄來作品且質量俱佳的設計師，總是會給予特別的版面報導。

第一次收到Hf設計公司投稿，是在創刊第二年，當時連台灣設計師對《漂亮家居》都還很陌生，竟然就有香港設計師主動寄作品過來，不僅附上照片且還有詳細的設計說明，更重要是作品的質量都非常好。還需要考慮嗎？！立刻刊登而且給予最好的版面。但隔月到書店翻閱其它室內設計雜誌，也發現各家雜誌都刊登了Hf設計公司的作品。至此，只要有新作品，Hf設計公司都會透過公關公司主動發新聞稿通知媒體。雖是廣發媒體，但因為Hf設計公司作品可看性高，每有新案仍然會出現在多本室內設計雜誌。相較於台灣室內設計師的被動等待媒體發掘，受英系教育的Hf設計公司主持設計師，顯然更懂得主動讓自己的作品被看見。

爾後幾年，隨著台灣家裝設計市場快速成長、雜誌在市場知名度大開及數位快速發展，就較少收到Hf設計公司的主動投稿，直到2010年後，與大陸頻繁交流，才知道Hf設計公司主持設計師，早已成為大陸知名指標室內設計大師（難怪後來都沒收到投稿）。從旁透過大陸在地媒體了解， 發現Hf設計公司也是循著台灣模式，一有作品就主動投稿，當時大陸室內設計市場才剛起步，都還是外國設計公司的天下。Hf設計公司主持設計師不只作品質量好，設計涵養及表達能力也俱佳，雖然港腔重但比起老外設計師更能精準的傳達，迅速成為大陸各大室內設計媒體的寵兒，通過媒體行銷Hf設計公司知名度一路從紙媒轉至數位，公司規模當然也隨之成長，深諳營運管理的主持設計師，幾年前還掛牌成為上市公司，時序至今仍藉由媒體關係經營持續擴散其影響力。

8-4. 自媒體經營培養出鐵粉
光注意是不夠的只有追隨才能長久

不知是否是因為創業門檻較其它行業低，還是設計公司的經營者多出身設計師，總是希望能做出屬於自身標籤的設計，留才一直是設計公司最大痛點。每年從設計公司流出自創工作室的設計師沒有千也有百，尤其這幾年數位平台的興起，更加速設計師創業的速度，但公司都還沒成立就已受到業界關注的，Hg設計公司還真是第一家。由3位台灣80後設計師所組成的Hg設計公司，除了系出名門出身台灣知名室內設計公司，自身有著相當的設計才能外，合夥打群架的創業營運模式更在設計圈蔚為話題。

雖是未演就先轟動，但落到實際的營運，還是跟其它初創業的設計公司一樣，得一步一腳印的累積作品轉化成行銷資源。由於初期的案源仍從關係帶入，透過親朋好友、舊客戶介紹，但就如前面章節所言，這類的案子較易因預算而使設計受限，為了突破限制，Hg設計公司調整設計策略，採用重點式的設計，把有限預算用在創新細節，打造出吸眼球的作品，同時也開始思索如何突破現有案源導入的模式，讓更多人可以注意到他們的設計。

此時數位自媒體不只日漸普及，更導入新的商業演算模式，在不想只是被動地等待媒體報導，又無法有行銷預算可主動投放，原本就活躍於自媒體Facebook、Instagram等社群的Hg設計公司主持設計師們，便進階成立粉絲專頁。除了以近拍展現細節美感，藉以攫取觀者目光，在案源有限的狀態下，更捨棄了常見整案呈現方式改以單張細節照片來分享，並積極分享提案過程與3D設計圖……等，不斷在自媒體製造聲量，果然引起網友的注意，粉絲數量不斷增加，住宅案源因此而擴展。由於設計落地的質量穩定，新客戶轉化成舊客戶又會持續轉介，進入關係行銷善的循環，更加帶動公司的成長。

第1堂 策略目標

第2堂 品牌創建

第3堂 業務分工

第4堂 採發管理

第5堂 財務利潤

第6堂 留才組織

第7堂 創新研發

第8堂 關係管理

為了更明確公司定位，三位主持設計師便以成為產業的頂尖設計公司，建立行業內品牌為目標，不僅接案類型走向多元化，亦特意維持無風格走向，並積極投入指標性室內設計大賽打響公司品牌，藉由持續創新的設計，吸引地產商、品牌、建材商等B型業主；住宅案件作品亦持續產出，吸引一般大眾業主，在客群鎖定上採用家裝住宅及工裝商空雙頭並進的策略。不到5年，Hg設計公司就從個人工作室晉身為大型設計公司，辦公室更是從市郊搬進入市中心，躍升成為台灣80後指標設計公司。

室內設計公司自媒體經營術

任何產業在發展過程中，都必然有其紅利，對年輕世代的設計師而言，數位的發展尤其是自媒體，可說是其最大的紅利。在過去設計師要破圈跳出關係行銷，只能依賴媒體報導及廣告投放，對於還沒有累積足量作品及行銷資源的年輕設計師而言，確實是道不算低的門檻，畢竟少有新創設計工作室能像Hg設計公司，才成立就立即受到產業的注意。自媒體是近十年興起的數位平台，包含官網、部落格、Facebook、Instagram、微博、微信、TikTok（抖音）、YouTube、小紅書等等，個人或法人都可以自由申請發表內容，不只可以化被動為主動掌控行銷權，且對於內容表現的形式更有主導權。因而促使不少擔心案源而遲遲不敢自立門戶的年輕設計師走出舒適圈，同時也讓很多只是無心插柳的分享者意外地進入產業，現今最火的網紅經濟便是因自媒體的帶動而形成。自媒體發展至今已成為設計公司行銷的標準配備，只是在平台商業演算下，若期待高效的行銷效益必需精準設定社群同時投放廣告。隨著自媒體逐步走向飽和，現今經營自媒體，要被注意甚至追隨都必須更具策略。而清楚定位、多元媒介、持續堆疊是設計公司經營自媒體所需要思考的。

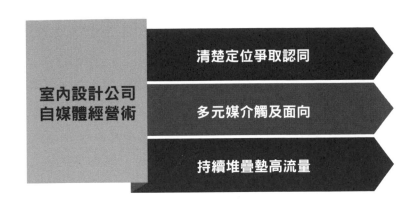

清楚定位更助粉絲認同：在自媒體已成為設計公司基本行銷配備的現今，若定位不清很容易就淹沒在自媒體的紅海中，尤其在現今設計公司作品普遍走向同質化，在無明顯差異化之下，即便有粉絲，都可能只是僵屍粉，或只是粉絲眾多關注的自媒體之一。Hg設計公司雖在成立公司初期並無清楚定位，但三人都有成為產業的頂尖設計公司，建立行業內品牌的共識，因而在設計上不斷尋求創新，通過作品的累積轉化成定位。就如同前面章節所提，品牌要在消費者心目中有其獨特的形象，同時與市場上的競爭對手有所區別，一定要有清楚的定位，至於如何找到屬於自己公司的定位，在第二堂品牌的創建已有深入的探討。

多元媒介擴大觸及面向：隨著數位快速發展，現今自媒體平台也走向多元，表現的形式從文字、圖片到影像一應俱全，且各自有其特性。像部落格及微博適合長篇文章，Facebook、微信以分享生活短文見長，Instagram以照片吸人眼球，至於YouTube、TikTok（抖音）則透過動態影音吸睛。雖說自媒體受眾年齡層稍有差異，但因現在消費者取得訊息管道複雜，設計公司的自媒體經營，不能只拘限於特定平台及媒介，必須多方觸及擴大打擊面，再通過數位串流，才能被更多人看見。

第1堂 策略目標

第2堂 品牌創建

第3堂 業務分工

第4堂 採發管理

第5堂 財務利潤

第6堂 留才組織

第7堂 創新研發

第8堂 關係管理

持續堆疊墊高網路流量：數位時代網路流量等同知名度，而數據流量必須經過堆疊，依現行網路的演算，流量與搜尋機率形成正比。自媒體的經營需要靠流量的累積，雖說現各大平台都有其商業演算方式，品牌若想要迅速冒出市場，必須得透過行銷投放，才可能達到預期的效益。但對新創尚無行銷資源的設計公司，自媒體仍是主動向外發聲的管道，若不開始就不可能有流量導入。Hg設計公司在面對案量不足及質量受限時，仍透過設計手法的調整並以單張取代整案的曝光方式，技巧性的迴避了新創公司行銷資源有限的困境，努力把自己的設計透過自媒體的分享傳送給消費大眾，先求被看見，等到資源俱足再導入行銷投放，持續擴大流量將公司品牌堆疊至高點。

#寶姐經營共學

理念及信仰打動人心才有追隨者

媒體對室內設計師而言就像是舞臺，而室內設計師們則是台上的明星，既是舞臺就有各類型的明星，有的是偶像出道但後繼乏力，有的如常青樹屹立不搖，有的則是堅持走自己的路從不在意掌聲，當然更多是不斷在起伏中輪迴的明星，或是從來也沒機會上舞臺……。從被挖掘上舞臺被看見，到成為明星有了粉絲，憑藉的絕對是所設計的作品及服務。但一般粉絲多只停留在關注（且常不只關注一位），要讓忠實粉絲不離不棄的追隨，設計者自身對設計就必須要有更強大的信仰及堅持。

剛入行時，台灣的住宅設計深受地產美學影響，第一次看到Hh設計公司的作品，既震撼又驚豔。沒有常見的木皮、壁紙、塗料等材質，而是以水泥為基底澆灌的原型呈現，更不見習以為常的三房兩廳格局配置，取而代之的是靈動開放的空間。這樣「家徒四壁」的設計（哈！侘寂風的原型），在當時沒有很高的審美是很難接受這樣的空間。明知「票房」不佳，會限縮了接案量，但Hh設計公司主持設計師始終不改初衷，持續探究水泥的可能性。

雖然作品量不多，但Hh設計公司只要有新案發表，各家媒體便爭相邀約，且因為風格獨特，總能從眾多作品中跳出，因而累積了不少粉絲，其中不乏影視明星及企業家等等，有的甚至還把Hh設計公司設計的空間，當作藝術品般蒐藏。而隨著消費大眾審美的提升，原本被視為非主流的設計，躍升成為主流，不少設計師及設計公司跟進設計，不管是媒體或是自媒體，處處可見微水泥風。即便如此，Hh設計公司主持設計師仍不改初心且無旁鶩，以其一貫專注低調的態度，持續開發水泥的各種可能性，而他的粉絲也始終緊緊跟隨。

自媒體的興起，讓設計師有了自建舞臺的機會，而搶先投入建置的設計師，若懂得操作並適時投放行銷預算，在平台商業演算流量堆疊下，要創造高粉絲量並非難事。只是在數位推波之下的現今，設計公司作品普遍走向均質化，如何留下忠誠的粉絲？從Hh設計公司主持設計師身上，看到的已不只是作品了，而是設計者自身的理念及信仰，這才能真正打動人心，讓人始終跟隨。

康老師談「顧客關係管理」

每次詢問室內設計公司的目標市場區隔策略時，大多數都回答空間或成品的類型，如小宅、老屋、或豪宅市場，卻很少聽到描述其所服務對象的行為特質或服務需求。案源是重要的，因為有案源才會有設計作品，有作品才容易與大眾溝通與行銷。但為何要建立顧客關係？了解案源是誰，要跟誰建立關係，不僅是希望透過業主關係介紹新的案源，更重要的是業主是誰，就會決定室內設計公司產品特色與多元化程度。

1. **在建立顧客關係之前，要先了解目標客群是誰。**顧客關係管理的常見作法：根據資料分配極大化來對顧客區隔，建立顧客資料庫，並排出優先順序。進而創造更有效率的行銷訊息，對既有設計或服務進行創新與優化。建立顧客在行為與態度上的忠誠度，進而交叉銷售。

2. **室內設計是高度客製化的產出，對於品質的認定也會出現落差。**客戶對於產品品質的判斷有著資訊不對稱的限制，根據消費者與廠商之間訊息不對稱的程度，對於產品使用前與使用後所獲得的商品的特徵與品質資訊，將產品分成「搜尋品」、「經驗品」和「相信品」三種。搜尋品代表消費者在使用前後均能清楚判斷產品特徵與品質；經驗品則是消費者在使用前無法清楚判斷產品品

質，必須透過使用經驗才能有足夠的品質資訊；而相信品則是消費者不管是使用前或使用後皆無法判斷其品質。這種分類可以看出該產品市場中買賣雙方之間資訊不對稱與市場失靈的程度。空間創意與室內設計對業主而言是「經驗品」，事前必須靠其他訊號，例如：廣告訴求、口碑、或親友介紹，處理市場失靈的交易問題。

3. **以能力與信任為基礎的顧客關係管理。**室內設計產業中公司提供的產品或服務，皆屬於交易金額高、交易次數少、成品標準化程度低，買賣雙方皆要花費相當大的時間與心力溝通，才能定義出具體或互相滿意的服務項目與品質，因此我們可以預期這類合約的「交易成本」很高。室內設計產業的交易成本來自於資訊搜尋複雜度高、資訊不對稱程度高、買賣雙方都有相對投入的沉沒成本，即使簽約後也不時出現違反當初買賣約定的自利行為。因此，表面上我們看到雙方簽約的標的物是設計圖或施工成果，但真正交易的基礎還是設計師與業主之間的信任關係，這樣的顧客關係管理，買賣雙方都需要投注相當成本。創造互相信任的服務體驗，勢必變成設計師與業主之間的默契，進而成為公司的無形資產。顧客關係的本質是信任，好的關係經營者不但要重視設計作品本身的效用，還需要為業主解決搜尋成本、資訊不對稱、品質的預期、以及被套牢的風險等交易成本，這樣建立的信任關係這樣才會形成創價循環。

國家圖書館出版品預行編目(CIP)資料

設計師到CEO經營必修8堂課：設計提案
勝是本事，公司開大開小是選擇，營運
利才是硬道理！/康敏平,張麗寶 作. --
版. -- 臺北市：城邦文化事業股份有限公
麥浩斯出版：英屬蓋曼群島商家庭傳媒股
有限公司城邦分公司發行, 2022.12

面； 公分. -- (Ideal business ; 26)

ISBN 978-986-408-876-8

1.CST:室內設計　　2.CST:企業經營
3.CST:品牌行銷

494　　　　　　　　　　　11101935

IDEAL BUSINESS 26
設計師到CEO經營必修8堂課
設計提案致勝是本事，公司開大開小是選擇，營運獲利才是硬道理！

作　　者	康敏平、張麗寶
責任編輯	張麗寶
封面設計	Pearl
美術設計	林宜德
編輯助理	劉婕柔
活動企劃	洪擘

發行人	何飛鵬
總經理	李淑霞
社　　長	林孟葦
總編輯	張麗寶
副總編輯	楊宜倩
叢書主編	許嘉芬

出　　版	城邦文化事業股份有限公司麥浩斯出版
地　　址	104 台北市民生東路二段141 號8F
電　　話	02-2500-7578
傳　　真	02-2500-1916
E-mail	cs@myhomelife.com.tw
發　　行	英屬蓋曼群島商家庭傳媒股份有限公司城邦分公司
地　　址	104 台北市民生東路二段141 號2F
讀者服務電話	02-2500-7397；0800-033-866
讀者服務傳真	02-2578-9337
訂購專線	0800-020-299（週一至週五上午09:30 ～ 12:00；下午13:30 ～ 17:00）
劃撥帳號	1983-3516
劃撥戶名	英屬蓋曼群島商家庭傳媒股份有限公司城邦分公司
香港發行	城邦（香港）出版集團有限公司
地　　址	香港灣仔駱克道193 號東超商業中心1 樓
電　　話	852-2508-6231
傳　　真	852-2578-9337
電子信箱	hkcite@biznetvigator.com
新馬發行	城邦（新馬）出版集團Cite（M）Sdn. Bhd.（458372 U）
地　　址	41, Jalan Radin Anum, Bandar Baru Sri Petaling, 57000 Kuala Lumpur, Malaysia.

電　　話	603-9056-8822
傳　　真	603-9056-6622

總經銷	聯合發行股份有限公司
電　　話	02-2917-8022
傳　　真	02-2915-6275
製　　版	凱林彩印股份有限公司
印　　刷	凱林彩印股份有限公司

版　　次	2022年12月初版一刷
定　　價	新台幣550元